MATHEMATICAL & LOGICAL PUZZLES

SHERLOCK HOLMES

数学思维训练营

福尔摩斯的
超级探案谜题

[法] 皮埃尔·贝洛坎 著

柳银萍 译

U0192096

上海科技教育出版社

图书在版编目（CIP）数据

福尔摩斯的超级探案谜题/（法）皮埃尔·贝洛坎著；
柳银萍译．—上海：上海科技教育出版社，2023.1
（数学思维训练营）
书名原文：Solving Sherlock Holmes: Puzzle Your
Way Through the Cases
ISBN 978-7-5428-7706-2

Ⅰ.①福… Ⅱ.①皮… ②柳… Ⅲ.①数学－普及读
物 Ⅳ.①O1-49

中国版本图书馆CIP数据核字（2022）第151231号

责任编辑　程　着
装帧设计　杨　静

数学思维训练营

福尔摩斯的超级探案谜题
［法］皮埃尔·贝洛坎　著
柳银萍　译

出版发行　上海科技教育出版社有限公司
　　　　　　（上海市闵行区号景路159弄A座8楼　邮政编码201101）

网　　址　www.sste.com　www.ewen.co
经　　销　各地新华书店
印　　刷　上海中华商务联合印刷有限公司
开　　本　720×1000　1/16
印　　张　12
版　　次　2023年1月第1版
印　　次　2023年1月第1次印刷
书　　号　ISBN 978-7-5428-7706-2/O·1168
图　　字　09-2020-657
定　　价　78.00元

目　录

引 言
Introduction

在本书中，你将在福尔摩斯和他的忠实同伴华生医生的陪伴下，尽情享受这段冒险之旅：跟随线索，在每道题之间穿梭，就像这位著名的侦探在破案时所做的那样！

书中每一章都包含若干道谜题，需要你去解答。在此过程中，福尔摩斯和华生对著名人物、周围环境和不同寻常的事件所做出的反应，都源于6篇经典的福尔摩斯探案故事。为了让读者获得更多的乐趣，部分故事情节重新进行了构思，略有改动，以增强神秘感，并为两位主人公制造出更多的障碍。

这些谜题难易程度不同，将考验你是否具有福尔摩斯式的推理能力。如果你被题目难住了，你可以求助附在书末的答案。

祝你好运！

第1章

斑点带子案

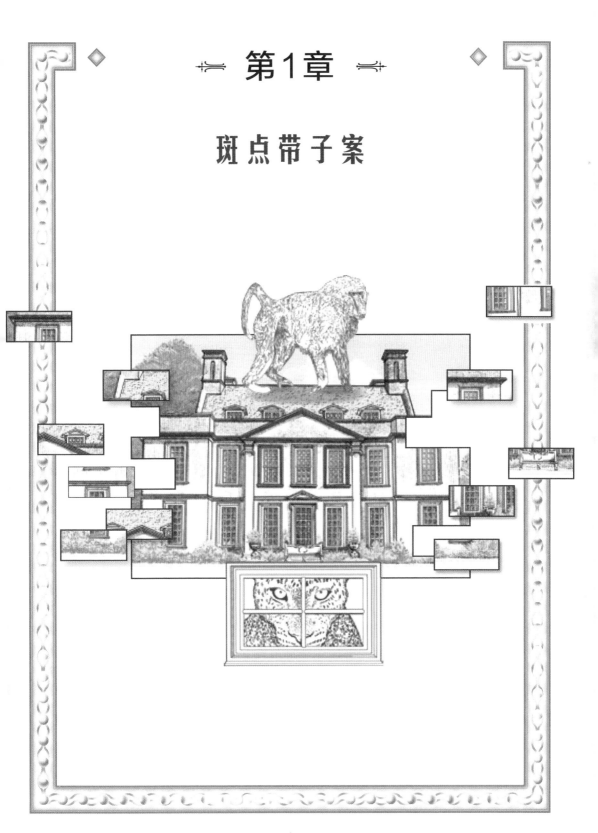

柯南·道尔爵士是著名侦探福尔摩斯这一人物的创造者，是福尔摩斯探案故事的作者。《斑点带子案》是福尔摩斯探案故事中作者本人最喜欢的一则短篇小说。小说将阴谋、暗杀和逻辑推理融合在一起，成为一剂完美的神秘药方，自1883年出版以来，深受广大读者喜爱。柯南·道尔非常喜欢它，于是把它改编成一出戏剧，和小说一样最终获得了成功。在本书中，《斑点带子案》是我们前往福尔摩斯想象之地的第一段旅程。案件发生在伦敦的贝克大街以及斯托克·莫兰的庄园内——后者位于萨里郡附近的莱瑟黑德镇。随着故事的发展，有关人物乘坐火车和马车来回穿梭于两地之间。

斯 托 纳 小 姐 很 恐 惧

四月的一个清晨，海伦·斯托纳小姐坐在开往伦敦的火车上，她身穿黑色衣服，蒙着厚厚的面纱，神情有些激动和害怕。她正要去见著名的侦探福尔摩斯，想要寻求他的帮助和建议。她手持一个玻璃立方体，这是她已故的孪生姐姐送给她的礼物，其中的5个面都刻有一个字母。她一到达，福尔摩斯就立刻叫醒了他的挚友兼搭档华生医生。

福尔摩斯站在他的床边说："华生，很抱歉这么唐突地把你叫醒，但是有一位年轻的女士万分焦虑，坚持要见我。她手持一个古怪的立方体，上面刻有字母。你能破译上面的名字吗？"

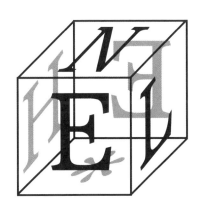

滑铁卢火车站

海伦·斯托纳小姐匆匆地从伦敦滑铁卢火车站出来，寻找出租车。她是如此地不安，以至于迷失了方向。福尔摩斯给她画了一幅草图，描绘了火车站的一些部分，在恍惚中，纸上的草图在她的脑海中发生了偏移和翻转。新的草图给华生带来了挑战。

你能数出草图中没有发生偏移或翻转的块数吗？

贝 克 街

回到贝克街，福尔摩斯注意到，在贝克街铭牌后面的墙上出现了几条裂缝。他问华生："如果铭牌没有覆盖这些裂缝，它们能组成多少个三角形?"

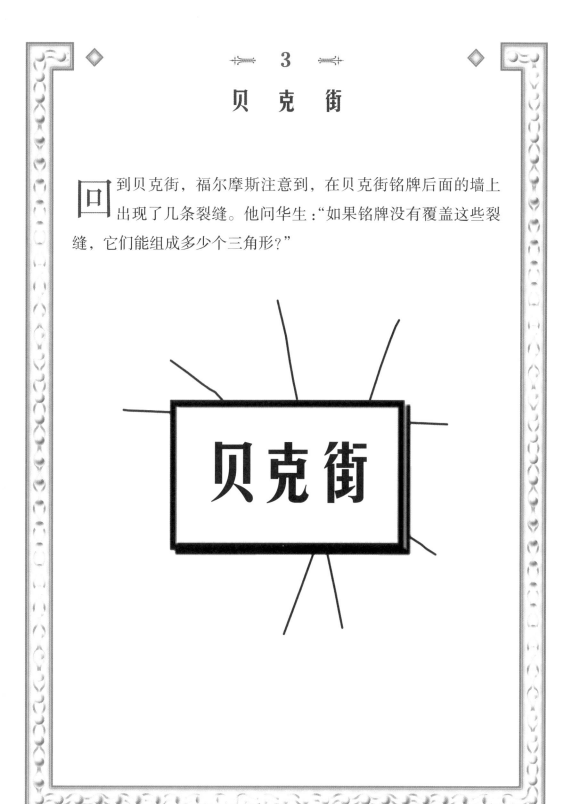

华生的职业

在贝克街221B号，海伦·斯托纳小姐遇见了福尔摩斯和华生。

福尔摩斯给斯托纳小姐出了一道谜题："请你根据这个多边形周围的字母，猜出华生的职业。"

福尔摩斯给斯托纳小姐提示道："从 Y 开始，然后依次跳过相同数量的字母，拼写出华生的职业。"

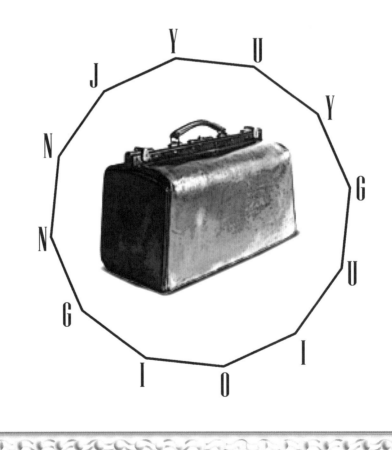

有泥渍的袖子

看到海伦·斯托纳袖子上的泥渍，福尔摩斯精辟地推断出她是乘一辆马车去火车站的。然而，他仍旧保持沉默盯着那些泥渍看了几分钟，然后问华生："至少经过3个泥渍点的中心画一条直线，如图所示，这样的直线你可以画多少条？"

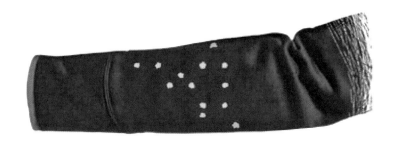

蛋白石头饰

福尔摩斯说:"我清楚地记得法林顿案中的头饰。因为珠宝商给它完美的美感增添了几分逻辑性。他挑选宝石的方法和把它们串在链子上的方式是有规律的。"

"华生,其中一条链子上宝石的排列方式与其他的链子不同,是哪一条?你能找出来吗?"福尔摩斯问道。

弯曲的拨火棍

海伦·斯托纳小姐的继父罗伊洛特医生突然闯进福尔摩斯的办公室，试图用他的强壮身躯恐吓大侦探，他抓起一根拨火棍徒手把它拗弯。但是福尔摩斯不但没有被吓退，反而取笑他。

福尔摩斯顺手抓起一支笔和一张纸，很快画出一组不同的形状，对他说："医生，如果你有一丁点儿创造力的话，就会把拨火棍拗成更优雅的形状，像这样。"

华生打断道："但你画的所有形状并非都是独一无二的，有些形状是完全相同的。"

福尔摩斯答道："华生，你说得对，我的确重复了几次，你能找出有多少对是完全相同的吗？"

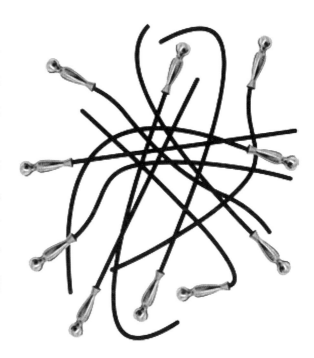

在曼陀罗周围

听说罗伊洛特医生曾在印度的加尔各答行医，福尔摩斯就给华生出了一道谜题："曼陀罗是加尔各答很受欢迎的一个象征性图案，它周围的数字之间有一定的逻辑关系，在曼陀罗周围有一个奇数与众不同，你能找出它吗?"

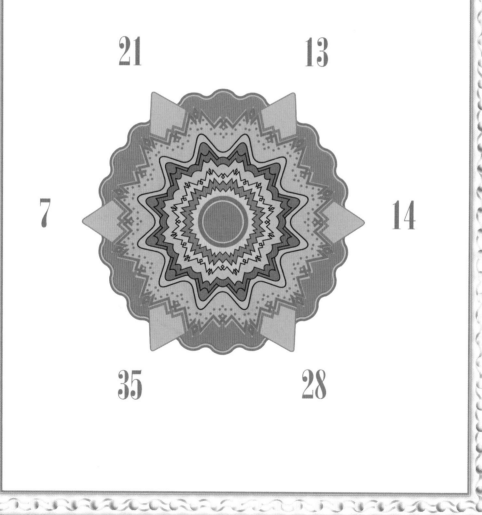

21   13

7   14

35   28

华生医生的枪

华生医生的枪的主要组成部件名称都被列出来了，福尔摩斯指着这个列表对华生说："这个列表中的一些单词很突出，因为它们的一个或多个字母不在其他的单词中出现，例如'axis'中的'x'在其他单词中都没有出现。"

一共有几个突出的单词？

这把枪的主要部件有：

BARREL（枪管）
LATCH（枪闩）
CYLINDER（弹筒）
FRAME（枪身）
HAMMER（击铁）
SCREW（螺丝）
PIN（保险针）
TRIGGER（扳机）
GUARD（防护装置）
GRIP（握把）
AXIS（枪轴）

10

景观逻辑题

在去往莱瑟黑德的火车上，福尔摩斯和华生欣赏着窗外的宅第和景色，福尔摩斯想考考华生，基于以下事实给他出了一道逻辑谜题。

（1）墙上覆盖着金银花的宅子没有瓦屋顶；

（2）只要墙前面有一棵松树，墙上就有金银花；

（3）砖墙总是与瓦屋顶相搭配。

他问道："基于以上事实，在一座瓦房的砖墙前可以有松树吗？"

14

莱瑟黑德火车站

福尔摩斯说:"华生,看这里。你怎么看这个开往伦敦滑铁卢车站的似乎不合逻辑的火车时刻表?"

"其中有一个时刻是错误的,你能找出它吗?"

6 : 32
8 : 25
9 : 33
10 : 25
12 : 26
12 : 43
15 : 53
18 : 36
20 : 54

斯 托 克 · 莫 兰

斯托克·莫兰是海伦·斯托纳的继父罗伊洛特医生的宅子。福尔摩斯和华生一到达斯托克·莫兰，福尔摩斯借助敏锐的观察力立刻就开始想象一道谜题。

他问华生："如果庄园的一些部分被循环移位了，每一块都代替后面的那一块，你能重新正确地排列它们吗？"

一只友好的狒狒

福尔摩斯对华生说："看，那里有一只狒狒。狒狒和猴子几乎没有区别，除了狒狒非同寻常的长鼻子。"

"我曾经养过一只猴子。它的名字就在右下侧的名单里，如果按字母顺序排列，它的名字正好位列第12个，那么它的名字叫什么？"

BABOON（狒狒）	LESULA（洛马米长尾猴）
MACAQUE（猕猴）	MANDRILL（山魈）
COLOBUS（疣猴）	PATAS（赤猴）
SAKI（狐尾猴）	ROLOWAY（戴安娜须猴）
DRILL（黑面山魈）	TAMARIN（狷毛猴）
GELADA（狮尾狒）	TITI（青猴）
UAKARI（秃猴）	CAPUCHIN（卷尾猴）
MARMOSET（狨）	VERVET（长尾黑颚猴）

漫游的猎豹

罗伊洛特医生对印度的动物有着强烈的兴趣。突然，有只猎豹爬到窗户上，目光敏锐的福尔摩斯叫道："华生，不要害怕，我敢肯定，这只猎豹是被驯服的，它不会伤害我们，它是出于好奇而透过窗户看着我们。当然了，并不是所有的猫科动物都不危险。"

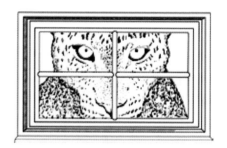

这句话激起了福尔摩斯和华生对猫科动物知识的思索，他们列出了一个回忆起来的物种清单。右边的列表中除了一个单词外，其他所有的单词都可以在下面的字母表中找到，从右往左，从左往右，或者垂直搜索。你能找出缺失的那种猫科动物的名称吗？

TIGER（虎）
TION（狮）
JAGUAR（美洲豹）
LEOPARD（豹）
CARACAL（山猫）
SERVAL（薮猫）
COLOCOLO（南美草原猫）
KODKOD（南美林猫）
OCELOT（豹猫）
ONCILLA（小斑虎猫）
LYNX（猞猁）
BOBCAT（美洲山猫）
MARGAY（虎猫）
COUGAR（美洲狮）
CAT（猫）
CHEETAH（猎豹）

斯托克·莫兰的盾徽

福尔摩斯和华生乘马车抵达斯托克·莫兰，一下马车，福尔摩斯首先注意到了这座古老建筑的盾徽，他指着盾徽对华生说："华生，请注意这个盾徽上所镌刻的字母的排列，这是特意设计的，沿着连续的字母能读出的'MORAN（莫兰）'的数目正好是这个家庭中的成员数。"

"要求每个单词中每个字母只能使用一次，你沿着连续的字母能读出多少个'MORAN'？"

口 哨

福尔摩斯看了看这个金色的乐器，对华生说："华生，真的很奇妙！从口哨这个词能联想出的词都是从这个乐器中发出的，它们散落的部分在空中飘荡。"

"你能找出其中不能从口哨中产生联想的词吗？"

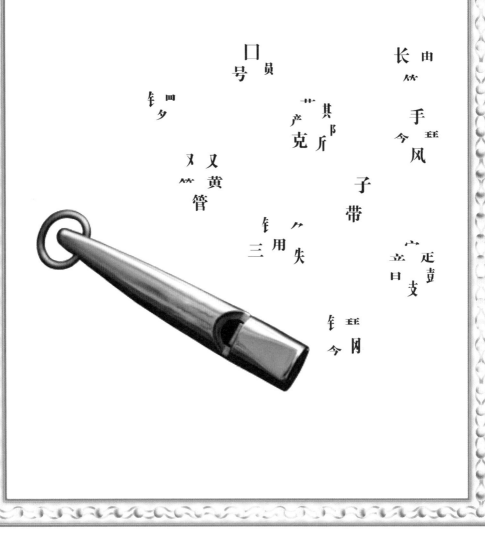

有斑点的带子

福尔摩斯对华生说:"虽然这条挂在通风口的有斑点的带子表面看上去仅仅是一个装饰,但对我而言它上面图案的逻辑很清晰,尽管它可能会迷惑你。"

"很明显,它上面有一颗星不见了,你能推理出是哪一种星不见了吗?"

罗伊洛特医生的保险箱谜题

福尔摩斯问道:"亲爱的华生,你能够猜出保险箱锁的组合密码吗?"

"罗伊洛特医生保险箱的旁边放碟牛奶,真是一个奇怪的场景,它诱导我们认为这个保险箱有着不同寻常的用途。如果我们假设它不像普通保险箱那样存储金钱或贵重物品,那么,它能装些什么呢?可能是喝牛奶的东西,但肯定不是猎豹!"

福尔摩斯继续说道:"有趣的是,罗伊洛特医生似乎有一种顽皮的幽默感,因为作为提示,他在保险箱门上刻了一道谜题,我必须说,这个谜题的答案一定是锁的组合密码,好玩但不安全。"

你能解出那个缺失的数字吗?

茱莉亚·斯托纳之死

福尔摩斯解释道:"茱莉亚·斯托纳在她的孪生妹妹海伦面前神秘地死去。看着她的姐姐,海伦注意到她自己的裙子和她姐姐的裙子轮廓有多处不同。"

他问华生:"除了衣服,这对孪生姐妹看起来是一模一样的。你能找出她们的衣服有几处不同吗?"

皇冠酒店的菜单

在皇冠酒店门前，福尔摩斯高兴地喊道："这些人是在等我吗？他们的菜单显然是在挑战我的智商。"

"最后一道菜的价格不见了，但根据菜单中菜品与定价的逻辑关系，我可以很容易地推算出来。华生，你能算出最后一道菜的价格吗？"

菜单	
炸鱼	3.2
薯条	3.4
布丁	2.4
馅饼	4.4
烤肉	3.3
香肠	？

一条打结的皮带？

福尔摩斯对华生开玩笑说："啊哈，一条打结的皮带，每当你解出一道谜题的时候，不就是解开你思想上的一个结吗？前段时间我写了一本关于绳结的书，因为这些绳结经常可以帮助我识别罪犯的行当或家乡。"

福尔摩斯问道："华生，这条拴狗的皮带可能会打结，也可能不会。你觉得会打结吗？"

火柴问题

福尔摩斯向华生解释道:"茱莉亚·斯托纳临死前知道是什么杀了她。她试图用蜡烛旁边的一盒火柴给她妹妹留下线索。"

"她几乎成功了,就差一根火柴尚未放到正确的位置上,你能把它放到正确的位置上吗?"

致 命 毒 蛇

人们很容易想象将蛇的名字写在这条带斑点的纵横字谜上。福尔摩斯说:"华生,当人们想到罗伊洛特医生可能使用的所有蛇时,我们的星球上似乎到处都有它们在蠕动。"

你可以把各种蛇的名字恰当地放入下方的网格中吗?

ADDER（宽蛇）

ANACONDA（水蚺）

ASP（角蝰）

COBRA（眼镜蛇）

KEELBACK（游鱼蛇）

MAMBA（窄头眼镜蛇）

URUTU（褐斑洞蛇）

VIPER（蝰蛇）

YARARA（具窍腹蛇）

第2章

跳舞的人

这部《跳舞的人》之所以如此地受欢迎，一方面是因为柯南·道尔的才华；另一方面，很大程度上是因为使用了一种秘密编码——用跳舞的人的符号来表示字母。围绕编码解码而创作的第一部短篇小说是60年前爱伦·坡的《金甲虫》。爱伦·坡使用的是印刷体字符，而道尔的舞蹈轮廓符号更令人赏心悦目，也更耐人寻味。

一个实验

福尔摩斯把画着一些跳舞小人的纸条递给华生，并叮嘱道："华生，仔细看！"

他继续说："在等待下一个客户，也就是来自诺福克郡的丘比特先生时，我利用空闲时间做了一个实验。在许多刑事案件中，化学反应对揭露真相至关重要。我要把韵母字母倒进声母里，一旦混合且加热到适当的温度，这些字母的组合反应在这起案件中特别有用。"

你能破译出这个化学反应吗？

破　译

福尔摩斯惊呼道："我们必须中断实验，因为我们的委托人今天早上收到了一份非常奇怪的文件，在一张纸上画着一些跳舞的小人。这看起来像是一个孩子的杰作，但我们必须要认真对待它，因为好几个人的生命似乎危在旦夕。我们还没有足够的知识来破译它，但是我们可以开始分析它。"

"请注意，有些字符是重复的。我建议我们列出这里包含的每一个独特的图形符号，不管它们是否持有旗帜。"

仔细观察，这封密文中有多少种不同的符号？

秘密逻辑

福尔摩斯说:"华生,为了让我们的思维正常运转,让我们试试逻辑推理问题吧。这个案子里的一个问题是我们的当事人发誓要尊重他妻子的秘密。他不会问她以前的生活或困扰她几个月的神秘事件。他可能不知道秘密有自己独特的逻辑。我正是用逻辑的方法推断出你没有和你的朋友瑟斯顿一起投资金矿,让我们对这个案例应用一些假设。我们知道:

（1）可以信赖戴帽子的蓝眼睛的人能够保守秘密。

（2）所有愤怒的高尔夫球手都有蓝眼睛。

（3）所有人,都会偶尔带帽子。

（4）乡绅都打高尔夫球。

既然我们的当事人是乡绅,有时会生气,那么他的妻子怎么做才能确保她能把秘密告诉他? 根据上述假设,你能应用逻辑推理正确回答这个问题吗?"

4

训练华生

福尔摩斯对华生说:"华生,我建议你开始记忆这个字母编码表。一个非常天真的罪犯创造了它,希望用稚嫩的涂鸦掩饰他的信息。字母表中的每一个字母都由一个跳舞的小人来表示。注意,带旗帜的图形符号标志着单词的结尾。"

"研究他的这一系列文档,我试图破解这个编码:右边的列给出了每个图形符号的意义。现在我们可以用他自己的工具来欺骗罪犯,发给他一条信息,这将加速他现形。"

"同时,请练习翻译下面的信息。"

A
B
C
D
E
F
G
H
I
J
K
L
M
N
O
P
Q
R
S
T
U
V
W
X
Y
Z

一个可怕的噩梦

福尔摩斯说："根据我在纽约警察局的朋友哈格里夫发给我的信息，我敢肯定可怜的埃尔西的噩梦是关于她在美国长大时，与斯兰尼订婚的宿命经历。我想象着她被戒指的幻觉淹没了，脑海里充斥着那枚她不该接受的来自亚伯的戒指。但最让我烦恼的是，不同尺寸的戒指数量有问题。"

他问华生："你能数出戒指有几种不同的尺寸以及每种尺寸分别有多少枚吗？哪一种尺寸戒指的数量有问题？"

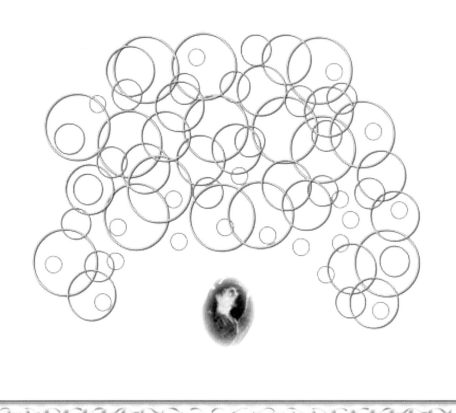

6

一封来自美国的信

这封信上的邮票暴露了它的来源，因为它上面的人物是美国总统，而不是英国女王。然而，如果寄信人想开玩笑的话，他可以在邮票贴到信封上之前先把其中一张邮票旋转一下。

福尔摩斯对华生说："华生，以下的5种组合并没有显示所有的组合可能性，你能画出缺失的那一组吗？"

35

被隐藏的城市

福尔摩斯评论道:"除了密码之外,还有许多其他的方法把一个单词隐藏在一道谜题里,这个字母双金字塔看起来是不可读的,除非你找到正确的方法,沿着线读出埃尔西出生的城市的名字。"

你看出她的出生地了吗?

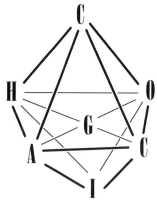

一个令人眩晕的车站

福尔摩斯提醒华生："在看屋顶的时候，小心脚下！每次穿过这个火车站，我都想知道建筑师们在设计这样一个金属迷宫时心里在想些什么？他们是不是想让日常通勤的人都感到困惑？就我个人而言，我忍不住要检查一下每一个方块是否都在正确的位置上？"

你能数一数屋顶的左右两边交换了多少块吗？

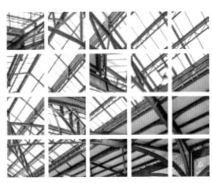

北沃尔沙姆车站

福尔摩斯说:"华生,我们不要被北沃尔沙姆车站的残破景象愚弄了!尽管组成它的9个部分看起来很简单,但实际上却做不到。因为它没有逻辑可言。"

你知道为什么吗?

诺 福 克

福尔摩斯大声地说："如果我们不那么深入地参与这次冒险，我们就可以参观诺福克郡附近的许多有趣的地方，尤其是我列出的这13个城镇。"

他问华生："你能找出其中哪一个城镇名不能用诺福克郡地图上的25个字母拼写出来吗（可能有些字母会使用两次或以上）？"

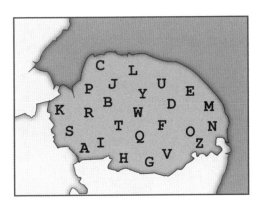

NORWICH（诺里奇）

CROMER（克罗默）

HOLT（霍尔特）

SHERINGHAM（谢灵厄姆）

AYLSHAM（艾尔舍姆）

HUNSTANTON（亨斯坦顿）

FALKENHAM（福肯汉姆）

WHYMONDHAM（怀蒙丹姆）

DEREHAM（迪勒姆）

BLAKENEY（布莱克尼）

WROXHAM（洛克斯汉姆）

SWAFFHAM（斯沃弗姆）

WATTON（沃顿）

变形的庄园

福尔摩斯惊呼道:"华生,我一定是眼花了,像莱丁索普庄园这样受人尊敬的地方,它的架构真的可以旋转吗?"

"有多少方块是顺时针旋转的?有多少方块是逆时针旋转的?"

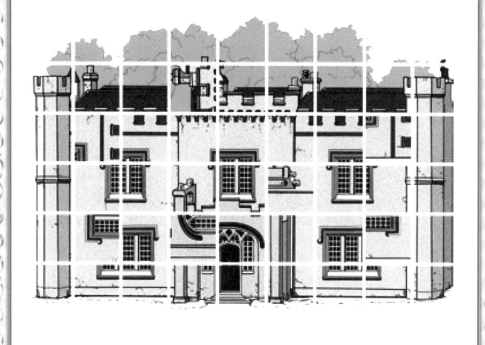

跳舞的三胞胎

福尔摩斯提问道："华生，任何事物间都可能存在一定的逻辑关系，请仔细观察这五组'三胞胎'，哪一组'三胞胎'与其他四组不同？"

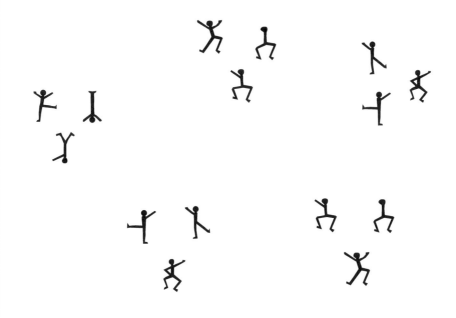

被踩踏的花

福尔摩斯求助道:"华生,请帮帮我!我们必须通过分析他们留在花坛上的脚印来确定有多少人从窗口经过。"

有几个人踩踏了花?

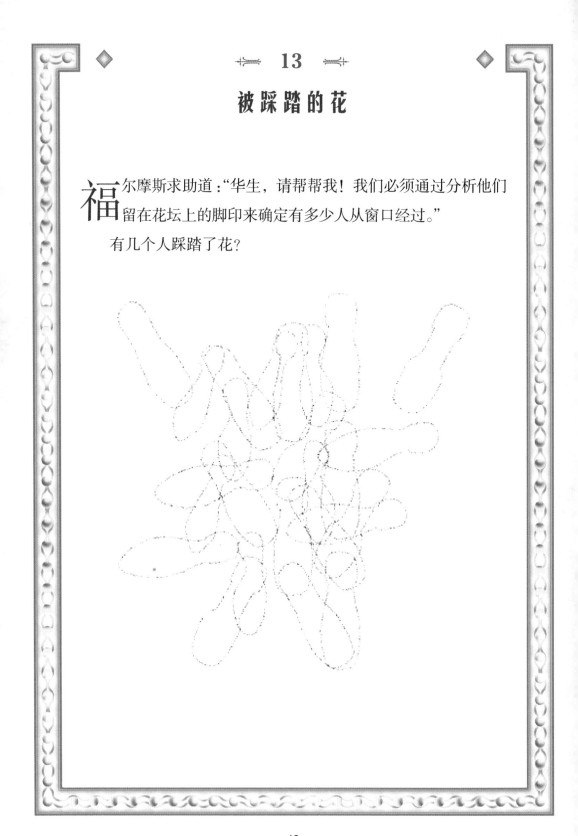

一扇有编码的窗户

福尔摩斯对华生说:"华生,我不得不承认这个鬼把戏差点骗了我。窗口中的信息不仅采用跳舞的小人来表示,同时,另一个狡猾的鬼把戏也在阻碍不熟悉的读者理解它。"(提示:窗口中使用了与谜题4相同的字符编码表。)

你能读出窗口中的信息吗?

教堂的窗户

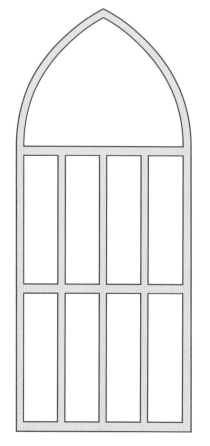

福尔摩斯说:"华生,教堂窗户玻璃的排列暗示了一道数字谜题,简单却富有挑战性。"

"这个窗户被分为9个区域,即8个窗格和1个顶部。如何做到在每个单独的区域中放置数字1到9而不让数字在任何方向上与相邻的数字接触(例如,8不能与9或7接触,4不能接触5或3,依此类推)?"(提示:这道题有多种解决方案。)

加密菜单

福尔摩斯承诺说:"华生,记住我的话,那些跳舞小人以及相关事件将深刻影响当地人的思维,以至于不久之后,即使旅店老板都会用这种加密文字书写和张贴他们的菜单。"

他问华生:"你能否把你训练过的编码知识运用到这里?"(提示:菜单使用的是与谜题4相同的字符编码方法,请记住,旗帜标志着单词的结尾。)

尝试破译,看看菜单上有哪些美食可供选择。

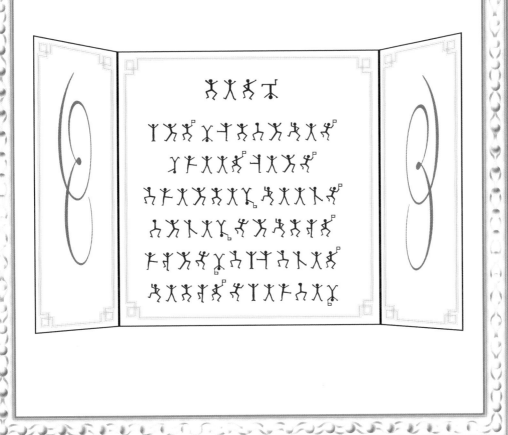

交叉字符

福尔摩斯说:"华生,名字显然都有自己的逻辑。在这次的冒险事件中我们遇到的5个人中,只有4个人的名字可以和谐地在图示的网格中交叉写出。当你发现有一个名字格格不入时,你不该感到惊讶!"

请找出那个格格不入的名字。

MARTIN（马丁）
HARGREAVE（哈格里夫斯）
CUBITT（丘比特）
THURSTON（瑟斯顿）
SLANEY（斯莱尼）

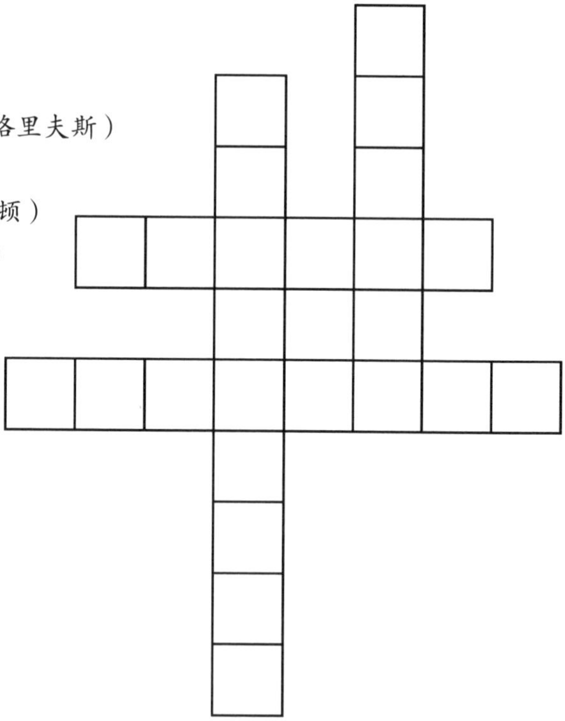

符号相加

福尔摩斯承认道："华生，我有时会同情罪犯，他们邪恶却又不合逻辑，实际上，他们可以非常有趣地、合乎逻辑地使用他们的跳舞小人进行编码。在这里，我写下了一个和式，从0到9的一些数字被小人图形符号代替。例如，从左向右第1行中的第2个符号、第2行中的最后一个符号和第3行中的第4个符号代表相同的数字。"

　　如果你运用正确的逻辑，你会发现只有一种方式可以用数字代替符号，得到正确的结果。

在日晷上舞蹈

福尔摩斯喊道："真奇怪！日晷基座上每个面都被画上了跳舞小人，你看懂上面的那些信息了吗？"

"华生，你在谜题4中学到的跳舞小人的编码知识在这里很有用吧！"

水　洼

福尔摩斯问华生："你被莱丁索普庄园附近这个迷人的水洼吸引了吗？周围农村地区所有的野生动物都要到这里饮水。试想一下，有些动物要多小心才能避免遇到它们的捕食者，就像罪犯试图躲避我一样。"

从PORPOISE（江豚）开始，以STOAT（白鼬）为结尾，将9种动物排成一个序列，使相邻的动物不共用同一个字母［例如：MINK（貂）—VOLE（田鼠）或FOX（狐狸）—DEER（鹿）］。

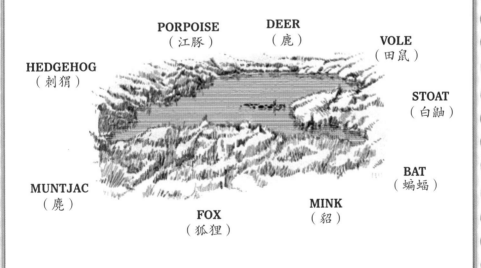

巴拿马帽

福尔摩斯解释道："华生，我们的罪犯在着装上最引人注目的细节是他冬天在诺福克戴着一顶巴拿马帽。看看这幅图，我画了一些他的帽子，有些是直立的，有些是旋转的。有些是'同卵双胞胎'，与原本的模样（左上角）相同或有一致的方向，还有一些是'三胞胎'，每一组都方向相同。"

"你能数出有多少组'三胞胎'吗？"

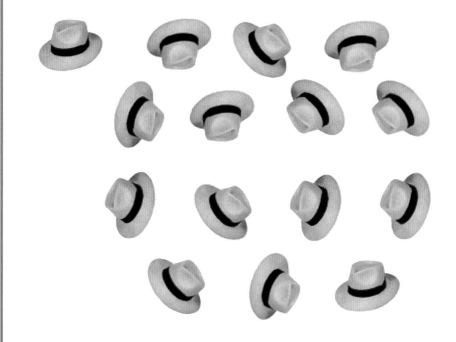

高级解码

福尔摩斯警示华生道:"华生,在将来的案件中,我们可能需要解码其他的加密信息。我建议你在没有真正得到破解一个未知编码的实际经验时,不要离开这次冒险。根据这个恶棍的自白,他们用熟悉的跳舞小人表示拉丁字母,和谜题4中训练你的字母编码规则不同。"

他提醒道:"让我提醒你破译的基本原理:它依赖于字母的使用频率。到目前为止,E是英语中使用频率最高的字母,其他常用的字母还有A,N,R,S,T和I,尽管不一定按这个顺序排列"。

经过本章的训练,相信你一定可以破译这封信!

一丝死亡的气息

福尔摩斯讲道:"华生,一双锐利的眼睛和一副好的放大镜并不总是足以破案的。在这个案件中,我们还需要一个灵敏的鼻子来辨别火药味,这对于确定谁先开枪以及谁是真正的凶手至关重要。"

这又把我们带回到我们开始这个案子之前的化学实验。火药的基本成分是硝酸钾,你可以通过跳过固定数量的字母,在星星周围相应的点上读出"凶手"的传统名字。

你能读出"凶手"的名字吗?

第3章

波希米亚的丑闻

在这个冒险故事中，福尔摩斯一开始就告诉他的委托人，他不需要戴面具，因为他已经知道这个伪装男人的身份了，他就是波希米亚的国王。太多明显的线索暴露了他的名字、国家和地位。许多贵族、甚至君主，都是贝克街221B号的常客，福尔摩斯对每一位都很尊重，但也从不让自己被他们的社会地位所影响，就好像他们的地位在某种程度上是一种障碍，而不是一种优势。福尔摩斯以最大限度帮助他们维护他们的尊严而感到自豪。正如华生经常指出的那样，福尔摩斯的许多冒险故事永远不会被公布，因为他担心这些故事会有损于知名的国家元首和上流社会人士。由于福尔摩斯所处的维多利亚时代的道德观，他在偶尔需要触犯法律时毫不迟疑，从而避免给他的王室客户引起丑闻的可能性。更糟糕的是，福尔摩斯因为入室行窃失败而遭女人取笑，他永远记得她是他见过的最聪明的人之一。

福尔摩斯的烟斗摔坏了

华生说:"福尔摩斯,我很遗憾!我知道你抽雪茄是因为你把自己最好的烟斗弄坏了,那个烟斗是由海泡石和葫芦做成、从塔斯马尼亚进口的。"

福尔摩斯回答道:"华生,那只是一个物件,它没有感觉,因此我也不会感到难过。不过,我还是希望能记住这件人生中的重要物品,所以我画了一幅这些碎片散落在地板上的草图。"

华生看了看草图说:"福尔摩斯,你在和我开玩笑,这不可能是一幅正确的碎片草图。"

福尔摩斯说:"华生,太好了,多亏我的陪伴,你正在取得令人瞩目的进步。那么哪一块碎片不匹配呢?"

烟　圈

华生惊呼道:"福尔摩斯,你真让我吃惊,即使在抽烟的时候,你也在研究逻辑问题。 虽然消逝的烟圈正如一个由情感主导的、徒劳无益的心灵形象,但它们是否遵循一个特定的模式?"

　　"我不知道图中的四个烟圈是否能自由地飘散,这4个烟圈是相互独立的吗?"

情 感 训 练

福尔摩斯对华生说:"当你想像我一样训练思维,使之成为一个精确且合乎逻辑的工具,首先要学会的是如何控制自己的情绪。我参照先贤亚里士多德编制了以下字符表。虽然他很少把注意力集中在犯罪上,但他的作品作为基本参考仍然很有用。下面的字符表是练习控制情绪的好方法。"

除了一个单词外,列表中的其余单词都可以沿着水平、垂直或从后往前的方向找到两次。列表中哪一种情绪缺失了?

```
A S H A M E E S I R P R U S P
S B P C D E S A D N E S S F I
A L R G I J O N P F N Y N L T
D O I F S O R G I E V T J O S
N V D E M Y R E T A Y I E V H
E E E A N G E R Y R G P I E A
S N K R E P D I S G U S T S M
S E T P M E T N O C S H A M E
E S I R P R U S S T E D I R P
Y O J S T S U G S I D I D N I
I N D I G N A T I O N Y V N E
```

FEAR(害怕)
ANGER(生气)
SADNESS(伤心)
JOY(快乐)
DISGUST(恶心)
PITY(同情)
CONTEMPT(蔑视)
SURPRISE(惊喜)
ENVY(嫉妒)
LOVE(爱)
SHAME(羞愧)
PRIDE(骄傲)

上了发条的大脑

福尔摩斯对华生说："我的头脑是个完美的推理机器，我把它训练得就像钟表一样精确。例如，在下面的齿轮装置中，你能看出左上角的大齿轮对右下角的小齿轮的影响吗？当大齿轮旋转一整圈时，最后一个小齿轮转了多少圈？"

观　　察

福尔摩斯说，"没有对事实的细致且可靠的观察，逻辑是无能为力的。一个人的推理应该建立在对实际问题全面细致的观察之上。"

"华生，你需要花多长时间观察这些扑克牌，才能告诉我它们有什么问题。"

种子逻辑题

福尔摩斯解释道:"华生,事实很重要。而逻辑是组织事实和发展假设的必要条件。假设这5颗橘子种子是我收集的基本观察对象,放在代表一个案例的棋盘上。另外,假设你需要将其中的3颗对齐以形成一个假设。从我放置5颗种子的方式来看,我只有两种排列方式,即只有两个假设。"

"这就是创造力的来源,不仅仅是需要你成为一位基本的逻辑学家。在棋盘上组织5颗种子的方式有很多,这样它们就可以得出3颗种子的更多排列,从而得出更多的假设。在一次陈列中,3颗种子可以有多少种不同的对齐方式?"

书架逻辑题

福尔摩斯对华生说："华生，很抱歉，我想知道你今天是怎么看我的书架的。从逻辑性的角度看，我的书架究竟是乱七八糟，还是你没注意到其中的规律呢？"

你能看出书架上书籍摆放的规律吗？

17 级台阶

福尔摩斯对华生说：“大多数人在爬楼梯时浪费了宝贵的时间，错过了一个锻炼头脑的好时机。他们机械地数步数。每当我爬上17级台阶到我的房间时，我都会想象在台阶上有一个固定逻辑序列。”

他问道：“华生，你能找出右边台阶上数字之间的逻辑关系吗？你能看出哪个数字错了吗？不过，请记住，这有可能不止一种模式。”（提示，错误的数字应该是一个完全平方数。）

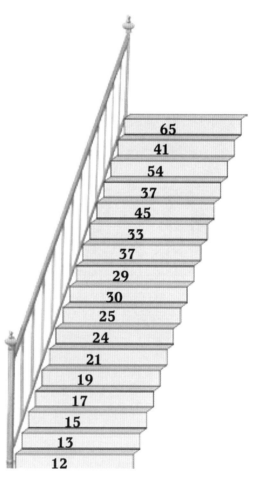

65
41
54
37
45
33
37
29
30
25
24
21
19
17
15
13
12

一则粉色的消息

福尔摩斯说："华生，你有没有注意到在粉红色纸背面的角落里精心留下的暗号。我想知道这是否是波希米亚国王后来发给克洛蒂尔德女士的外交电文的初稿。"

福尔摩斯挑战华生道："你能否从一个角开始，沿着相邻的字母读出这条信息吗？"

马车工厂

<big>福</big>尔摩斯说:"华生，你看到我们客户的马车和拉车的两匹骏马了吗? 多么完美的一种交通工具——既优雅又高效! 你能想出一种在现代城市里四处走动的更好的、更合乎逻辑的交通工具吗?"

"本页中展示的部件可以组装多少架完整的马车?"

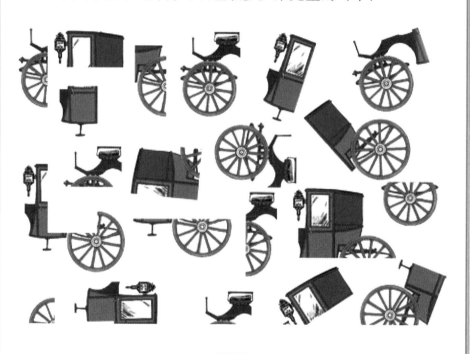

完整马车图:

字母项链

福尔摩斯挑战华生道："华生，这里有一个有趣的游戏，你动动脑筋。想象一下你正在用这15种不同的宝石串成一条项链，从AMETHYST（紫水晶）到IOLITE（董青石）。为了提高这件首饰的质量，请小心避免出现共用字母的宝石相邻。"

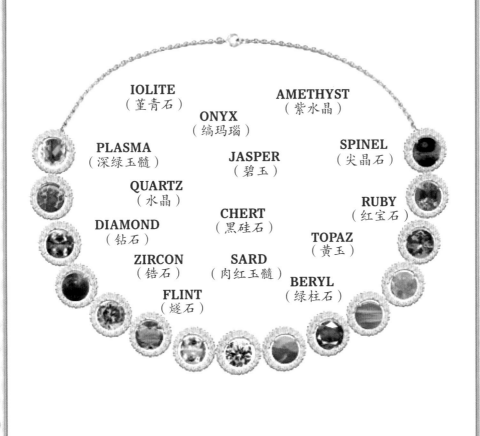

IOLITE
（董青石）

ONYX
（缟玛瑙）

AMETHYST
（紫水晶）

PLASMA
（深绿玉髓）

JASPER
（碧玉）

SPINEL
（尖晶石）

QUARTZ
（水晶）

RUBY
（红宝石）

DIAMOND
（钻石）

CHERT
（黑硅石）

TOPAZ
（黄玉）

ZIRCON
（锆石）

SARD
（肉红玉髓）

BERYL
（绿柱石）

FLINT
（燧石）

12

皮毛逻辑题

福尔摩斯对华生说:"考虑这些毛皮的名称,其中有一个有趣且合乎逻辑的包含六种毛皮的子集,其中包括FOX(狐狸)、WOLF(狼)、MINK(水貂)、SABLE(黑貂)和SEAL(海豹)。你能想出定义这个子集的逻辑并推理出第六种毛皮的名称吗?"

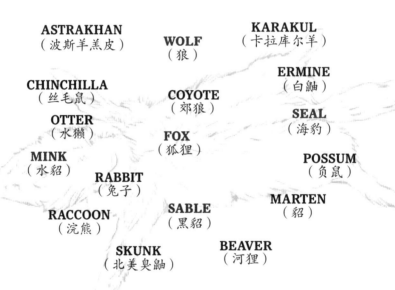

ASTRAKHAN
（波斯羊羔皮）

WOLF
（狼）

KARAKUL
（卡拉库尔羊）

CHINCHILLA
（丝毛鼠）

COYOTE
（郊狼）

ERMINE
（白鼬）

OTTER
（水獭）

FOX
（狐狸）

SEAL
（海豹）

MINK
（水貂）

RABBIT
（兔子）

POSSUM
（负鼠）

RACCOON
（浣熊）

SABLE
（黑貂）

MARTEN
（貂）

SKUNK
（北美臭鼬）

BEAVER
（河狸）

滑动面板

福尔摩斯说:"艾琳·阿德勒把对波希米亚的诽谤信藏在一件复杂家具的凹槽处,这个凹槽可以容纳多达4张不同的照片。3个滑动面板可以分别存放不同样式的照片。除了照片本身,仅需考虑空框架。"

福尔摩斯问华生,"你能否告诉我,当3个面板移至居中并和空框架完全重叠时,在主框架内框出了多少个不同的独立区域?"

秘密的逻辑

关于秘密，我想到了受人尊敬的、富有逻辑的，也很幽默的同事刘易斯·卡罗尔。福尔摩斯说："我想知道他是否会担心他的柴郡猫会泄露秘密，利用下面的逻辑和假设，可以很容易地重组信息并进行推理。"

- 富有同情心的生物才会微笑；

- 滔滔不绝表示有信心；

- 柴郡猫笑得很自然；

- 同情能产生尊重；

- 所有秘密都是保密的；

- 尊重会避免轻率说话。

根据这些线索，你能作出何种推理？

秘密引语

福尔摩斯说:"华生,这次冒险的核心主题是关于个人隐私中最重要的'秘密',不能掉以轻心! 不过,让我们破例一次,好好玩玩吧! 通过将上面表格中的每个字母放到下面空白表格中的正确位置上,以展示一个关于秘密的幽默评论。"

M	I	N	G	E		R	H	U		G	A	O	S	N	I
Y	I		C	I		Z	I	N		D	H	I		H	U
Q	I		M	I		J	E	I		S	E			S	I
Y	I		G												

M		M							S					I	

16
弹 簧 锁

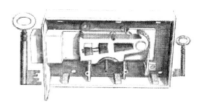

福尔摩斯说:"艾琳·阿德勒庄园的门上有一把弹簧锁。我很钦佩它的发明者查布的机械构想和逻辑思维。这把锁不仅能提醒主人小偷曾试图打开它但尝试失败,它也经受住了30多年来无数次的考验。"

福尔摩斯对华生说:"弹簧锁的主要部件有BAR（杆）、CASE（箱）、COVER（盖）、CURTAIN（帘）、CYLINDER（筒）、DETECTOR（探测器）、KEY（钥匙）、LEVER（杠杆）、LOCK（锁）、REGULATOR（调节器）、SCREWS（螺丝）、SPRINGS（弹簧）、STUMP（桩）、TALON（爪）和TUMBLER（制栓）,它们都适合下面的填字游戏。在她的未婚夫从内殿的办公室回来之前,我必须想出另外一种办法迅速地进入这所房子。"你能把这些部件名填入下方表格中合适的位置吗?

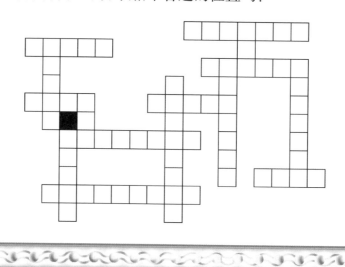

70

艾琳的精致别墅

福尔摩斯对华生说:"华生,即使我们不在庄园里听诺顿对艾琳·阿德勒说的话,我们也能透过窗户分辨出其中一些言语。你能猜出至少一个他们提到某个地方的词吗?"(提示:该地点名字的首字母是大写的。)

在内殿的门口

福尔摩斯指出：“华生，看这里！”

"我们的诺顿先生是内殿的一名律师，他匆匆离开办公室，草草地在窗户上为他的客户留下一条秘密信息。"

"然而，他留下了足够的线索，使内容便于阅读，而不必公开透露自己的私人信息。"你能读出这条信息吗？

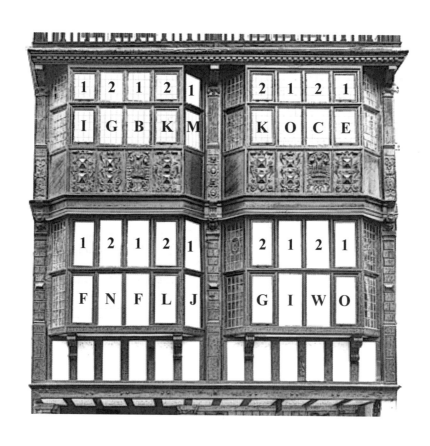

内殿的创始人

福尔摩斯说:"华生,你知道吗?内殿要比它看起来庄严得多。它建于8个多世纪前,创始人不是律师,但现在的住户都是律师。"

"你能否从围绕在印章周围的某个字母开始,然后依次跳过相同数目的字母,从而读出创始人的名称吗?"

圣殿骑士逻辑题

内殿中最古老的部分是圣殿教堂，由圣殿骑士设计，有一个圆形正厅，类似于耶路撒冷圣墓的原始教堂。

福尔摩斯说："我喜欢把这座正厅想象成一座'逻辑殿堂'。张贴在十二个通风口的数字之间遵循一定的逻辑关系，其中有一个数字不遵循这个逻辑关系。华生，这个逻辑关系对你来说明显吗？"

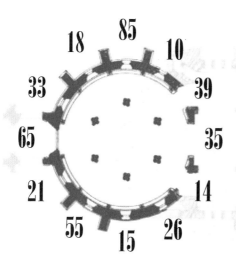

晚安，福尔摩斯先生

福尔摩斯说："华生，别把这一点包括在你对案件的叙述中，但我必须承认我被这个女人的关注触动了。令我惊讶的是，当她从我身边经过时说了声：'晚安，福尔摩斯先生。'她把两块刻着她名字的玻璃方块塞进了我的口袋。"

"她的名字可以顺着玻璃方块相邻的面来读取。然而，她太匆忙了，以至于她没有意识到刻字上有缺陷，这是一条可爱的、能够说明她对我有情感的线索。"你看出这个瑕疵了吗？

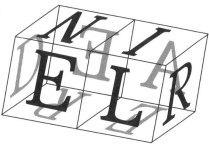

互联的欧洲

虽然这起案件发生在伦敦，但牵扯到更遥远的海滨城市。如下述网格所示，用6条水平和垂直线就能很容易地连接它们。

福尔摩斯挑战华生道："华生，我知道你只需要五条首尾相接的线段就能将它们连接到一起。"

你能完成这项挑战吗？

LONDON （伦敦）	CARLSBAD （卡尔斯巴德）	CASSEL-FALSTEIN （卡索福斯汀）	DARLINGTON （达灵顿）
EGLONITZ （艾格隆茨）	EGLOW （艾格洛）	EGRIA （艾格利亚）	ODESSA （敖德萨）
PRAGUE （布拉格）	WARSAW （华沙）	BOHEMIA （波希米亚）	HOLLAND （荷兰）

记录冒险

福尔摩斯问道:"华生,在你记忆犹新的时候,你已经写下对这个案子的描述了吗?如果你把它命名为'波希米亚的丑闻(A Scandal *in* Bohemia)',而不是'波希米亚丑闻(A Scandal *of* Bohemia)',这听起来不是更好吗?我不介意你提到艾琳·阿德勒给我的影响有多深,因为我永远不会忘记她的才华横溢!"

"然而,你的手稿中有一部分与其他四部分不匹配,是哪一部分?"

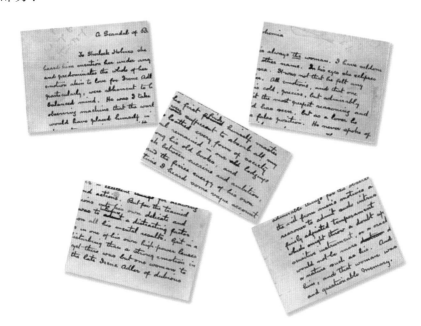

(图片来自阿瑟·柯南·道尔爵士手稿。照片版权属于阿瑟·柯南·道尔百科。)

第4章

巴斯克维尔猎犬

伴随着一丝恶犬气息，福尔摩斯遭遇了超自然的恐怖的古老传说，但他仍保持了自己特有的冷静和清晰的逻辑思维，尽管阴险的背景使得该案件的局势很危险。巴斯克维尔庄园坐落在崎岖不平，有时甚至是险恶的荒原中，在那里，逃犯、可怕的野兽、稀有的昆虫、古老的纪念碑和冷酷、充满算计的罪犯狡猾地四处游荡。

　　就像在泥沼中沿着一条狭窄的小路前行，小心地完成小说《巴斯克维尔猎犬》启发的谜题挑战。相信你的逻辑思维，就像福尔摩斯相信他敏锐的嗅觉一样，去追捕恶棍吧！

坚持逻辑思维

福尔摩斯说："华生，我想用我们的新客户昨天留下的手杖来测试你的聪明才智。在侦探工作中，我们的大脑常常需要脱离普通推理，深入分析思维的深层次领域，而这些领域对于普通人来说是遥不可及的。"

"假如你有6根这样的手杖。你将如何摆放它们，使其形成4个完全相同的三角形？"

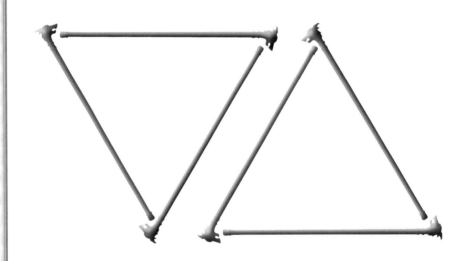

颅骨迷宫

莫蒂默医生说："福尔摩斯先生，我承认，我垂涎你的头颅！对伟人头颅的分析是我毫无节制地沉迷其中的一种激情事业。"

福尔摩斯回答道："谢谢，我感到受宠若惊。我知道并敬重高尔在颅相学方面的工作。他利用一个人头部的隆起来部分寻找有关大脑功能的线索。事实上，在我的工作中，没有什么比观察其他水平表面上意外的凸起更宝贵的了，通过观察可以找到一条通向解决方案的线索。"

紧接着，福尔摩斯挑战华生道："华生，你听着，有一个合乎逻辑的方法可以穿过这个头骨。要从A点走到Z点，请交替使用相邻与相同的字母。"

你能找出这条通道吗？

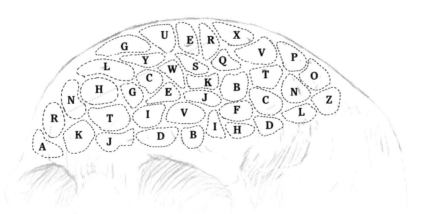

3
手 工 艺

这只英勇的野兽因为杀死亨利爵士的祖先雨果·巴斯克维尔爵士而变得如此出名，以至于关于它的描述被镌刻在一件珠宝上。要读出这则信息，需要把3个玻璃正方形叠加到中间的正方形上。

福尔摩斯问道："华生，你能破译上面写的信息吗？"

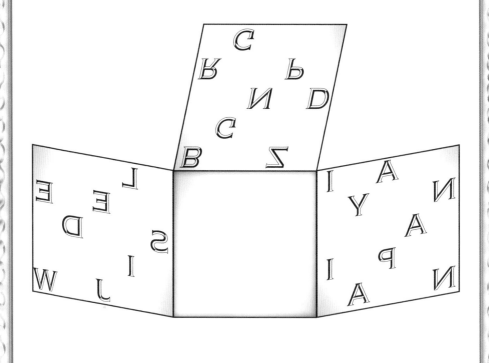

4

恐怖的逻辑

不能承受的害怕会引起恐慌。

恐怖是无法忍受的。

没有威胁感就没有危险感。

威胁只存在于对后果的认知中。

一个人需要想象力来意识到后果。

没有害怕就没有恐惧。

恐惧只会通过意识到危险而产生。

福尔摩斯说:“在本案中，恐怖绝对是必不可少的因素。这个恶棍显然把它当作了杀死查尔斯·巴斯克维尔爵士的武器。也就是说，华生，我不知道这样的阴谋是否会对缺乏想象力的受害者起作用?”

“根据以上的假设和逻辑，如果已故的查尔斯爵士缺乏想象力，他能不能在门廊的可怕遭遇中幸存下来?”

巴斯克维尔庄园门厅

巴斯克维尔庄园门厅有两座高塔，令人望而生畏。福尔摩斯说："我很容易理解为什么巴斯克维尔的祖先把17世纪臭名昭著的罪行留下的可耻遗产镌刻在建筑上。"

福尔摩斯问华生："关于案件的一个关键词隐藏在大楼的外墙上，其中一些方格说明了犯罪原因。虽然最近有几个方块掉下来了，但如果你想象它们回到原来的位置，你就能找出那个决定命运的单词。"

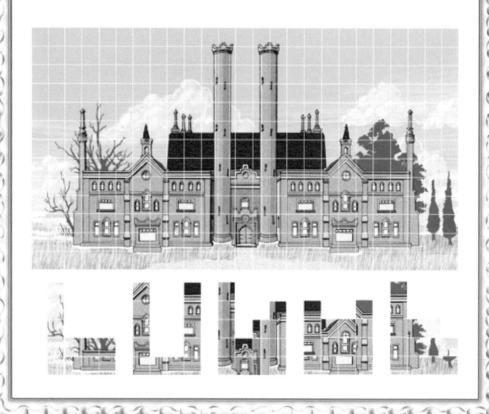

找出错误字母

有人把当地树木的名字描绘在小门的木板上，但每棵树的名字都错了一个拼音字母。

福尔摩斯对华生说："华生，你还能读出这些树木的正确名字吗？"

紫杉巷的音乐

福尔摩斯解释说:"由于其弹性良好,在步枪和大炮诞生前,紫杉木材是英国制做弓箭的主要原材料。后来,这种木材被用于制造乐器,我现在想象,当我们沿着巴斯克维尔门厅前著名的紫衫小巷散步时,这些乐器会在我们周围演奏。"

"下面的图中只有一个词不是乐器,它暗示着我们下一步的行动,你能找出它吗?"

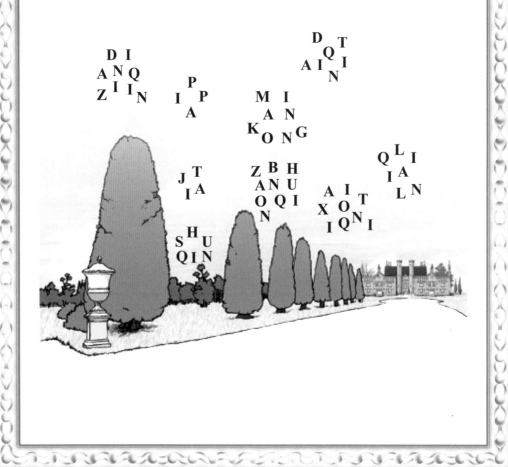

面对恐惧

福尔摩斯说:"华生,正如你所知,面部表情与一个人的感受是息息相关的。尽管许多人从很小就被教导要压抑和隐藏他们的情绪变化,但恐惧是一种强烈的、无法控制的情绪,它无法通过训练控制,会扭曲一个人的脸。"

"在这里,亨利·巴斯克维尔爵士的脸因看到那可怕的野兽而发生了多种扭曲。"亨利爵士的脸上一共出现了多少种表情?

9

数字通道

福尔摩斯说:"华生,这道谜题是要模拟出一条艰险的路。从左上角的'1'开始,到右下角的'0'结束,模拟出一条由数字组成的路径。你只能沿着水平或垂直方向移动,每一段中的每个数字必须不同。当你遇到本段已使用过的数字时,你必须向左或向右转,然后继续进入新的一段。"

你能顺利完成这段旅程吗?

```
1  7  5  8  3  7  9  8  1  5  3  1  8  1  2  3
9  5  6  3  9  3  4  6  2  7  2  5  4  3  7  6
1  3  5  7  7  9  2  8  5  4  8  6  2  7  3  4
9  7  1  6  4  2  3  5  4  2  3  7  6  1  6  3
2  4  5  8  2  3  4  8  2  5  4  6  4  3  5  2
4  9  1  4  5  9  3  2  9  4  1  2  7  1  2  7
6  7  6  3  7  2  1  8  7  5  6  2  3  4  5
5  4  5  9  4  3  2  5  1  7  1  3  1  6  2
3  2  7  9  3  4  5  4  5  9  6  6  7  4  3
4  2  1  5  2  3  6  5  2  9  4  6  3  4  8
8  9  4  2  5  1  3  7  6  1  4  5  3  2  5
3  7  3  6  1  6  2  5  2  3  4  6  2  1  7  6
2  2  8  9  7  5  8  6  2  4  2  9  7  5  1  9
8  4  5  6  9  7  5  4  5  5  6  5  6  8  5  1  0
```

除　草

福尔摩斯说:"华生,这是一种很有趣的审美选择。在格林彭的小村庄里,居民们让杂草长在茅草屋顶上,于是每户人家的屋顶上都有一片野草。"

"遗憾的是杂草需要修剪,因为杂草的名字里已经出现了不需要的字母!你能用这些不需要的字母组成一个词吗?"

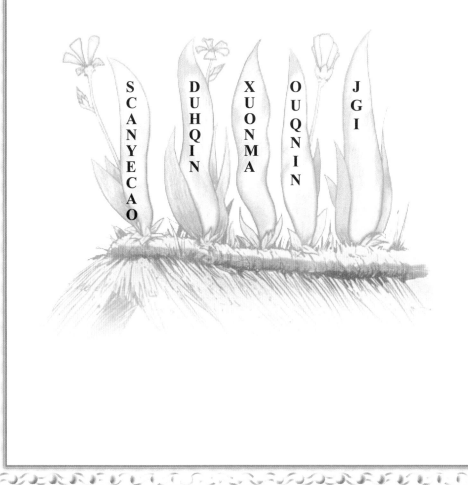

SCANYECAO DUHQIN XUONMA OUQNIN JGI

荒原上的昆虫

福尔摩斯沉思着说:"在这个昆虫繁盛的荒原上,斯特普尔顿先生选择昆虫学作为他的业余爱好非常正确,这给了他一个可以随时在荒野上四处游荡的借口。"

"我们怎样把这14种昆虫连在一起,使相邻的两种昆虫名字中只有一个字母相同。"

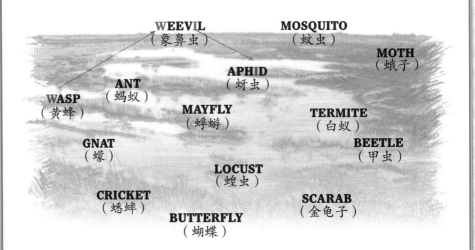

荒原上的突岩

刻在达特穆尔高地和一块著名岩石福克斯突岩上的，是足够多的字母，它们在水平和垂直方向上跟相邻的字母有很多方式拼写成"TOR"（突岩）。

你能找出多少个"TOR"？

监 狱 锁

福尔摩斯在检查监狱的新锁系统时喃喃地说:"有趣,他们用这项新技术取代了所有的传统锁。警卫不再需要钥匙了。每扇门都有一个巧妙的插销和轮子系统,如果你按照正确的顺序按键,就能开锁。这就解释了一个聪明的罪犯是如何逃脱的,他足够敏锐,发现并按下关键字。"

"下图中的按键能拼写出哪一个由16个拼音字母组成的四字词?"

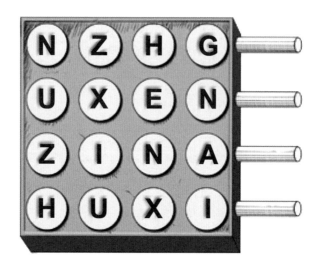

信纸拼图

福尔摩斯说:"华生,废纸篓可能会提供很宝贵的线索。这是斯特普尔顿太太在把她贴在信纸上的留言寄给亨利爵士之前做的第一个剪纸。她写了一个句子,这个句子与她最终发出的句子只有一个单词不同,她发出的句子是:' As you value your life or your reason, keep away from the moor'(当你珍视你的生命或你的理智时,请远离荒野)。"

"哪个词被改了?"

靴子和鞋带结

福尔摩斯说："华生，看看亨利爵士的靴子。在昨天他丢失一只靴子后，诺森伯兰酒店照看靴子的贴身男仆保证这种情况不会再发生。为此，他把鞋带系得紧紧的。"

这双鞋一共打了多少个结？

2704 号马车

福尔摩斯说:"华生,这个2704,是一个了不起的数,很容易记住。只要在下面的九个数字之间插入一个或几个算术符号,通过运算就可以得到它。"

"不算括号,你需要插入多少个算术符号?"

$$3 \ 9 \ 2 \ 5 \ 4 \ 7 \ 1 \ 8 \ 6 = 2704$$

装裱大师

福尔摩斯对华生说："虽然我很高兴我们经过了这个美术馆，可以比较比利时大师们的才华。但是，华生，现在忘记艺术吧，注意这些画框提供了一个有趣的几何问题。"

"假设这些画都是透明的，并且被叠到一起，这样我们只能看到它们的画框，此时框架将框出多少个不重叠区域？"

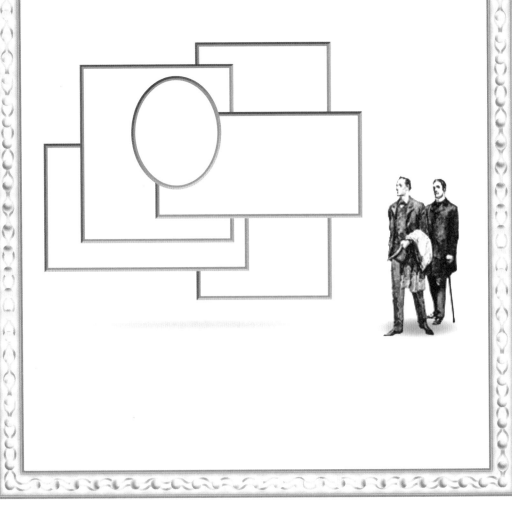

餐桌谈话

福尔摩斯说:"华生，怎么会有人在火车站感到无聊呢？其实仅通过分析时刻表就可以锻炼你的思维并且消磨时间。尤其是现在，在等待莱斯特雷德探长从伦敦帕丁顿车站到来的时间！你知道车站是如何通过这些到达时刻向我们发送加密警告信息的吗？"

"你能破译这条信息吗？需要我的帮助吗？"

来自伦敦帕丁顿车站

6 : 11
7 : 05
8 : 05
9 : 16
10 : 07
11 : 01
12 : 20
13 : 05
14 : 03
15 : 12
16 : 15
17 : 19
18 : 05
19 : 04

大门逻辑题

铁匠们通常不会把数字锻造进熟铁，但巴斯克维尔大厅的大门上装饰着数字。

福尔摩斯问道："华生，你能从中找到工匠有意设计的逻辑缺陷吗？看来他只希望像我这样聪明的人能注意到它。"

蜡 烛 密 码

福尔摩斯说:"华生,恐怕你得重写你对这个案例的描述了,因为我们被管家巴里莫尔先生愚弄了! 我一点都不相信他只是在检查窗户是否锁上了。其实他在用烛光传递某种信息。注意他用的是两支蜡烛,因为一支蜡烛的火光太弱,从远处无法看清任何东西。"

很明显,巴里莫尔是在给躲在荒野上的小舅子(那个罪犯)传递信号。福尔摩斯问道:"华生,你能破解他的信号系统吗?"(提示:正如福尔摩斯常说的那样,"时间是最重要的")。

关"键"线索

福尔摩斯钦佩道:"看看斯特普尔顿女士有多聪明!虽然她听从了丈夫杰克的命令,打印了一封会要了查尔斯·巴斯克维尔爵士性命的信,但她还是设法在打字机的键盘上留下了她输入信息的痕迹。"

"这些信息可以通过顺着相邻键上的字母来阅读,包括沿着水平和对角方向。"

烈火猎犬

福尔摩斯解释道："让我们感到很神秘的物质就装在这个容器中。这种化学物质被浸泡在水中，因为它暴露在空气中接触氧气时极易燃烧。斯特普尔顿先生在他的猎犬身上涂抹了一些这种物质，把它变成了一个超自然的怪物。"

他问华生："华生，你的化学知识本该给你启示的。袭击我们的怪兽闻起来像大蒜，这是这种化学物质燃烧时的特征，这是什么化学物质？"

一丝线索的味道

福尔摩斯说:"华生,又一次,我训练有素的嗅觉提醒我,信纸上的信息是一位女士写下的。因此,在我们去德文郡之前,我准备去见一位在这次冒险中扮演着重要角色的女士,她身上喷洒着一种独特的香水,是我能辨认出的75种香水之一。"

斯特普尔顿太太喷洒了哪种香水3次?

```
A B J V E T I V E J E A
G B E R G A M O T E H C
A M S U V E B E W S I E
R Y S A N D A L W S O D
G R A F R O S E N A E A
A R M O N X I M C M L R
L H I L K A L I A I K O
B E N A X L P O R N I S
A J E S S A M I N E L E
N A L P R E D N E V A L
U P X I L U O H C T A P
M L K N E X K S I R R O
L A V E N D E R K X A L
```

AGAR（琼脂）
BASIL（罗勒）
BERGAMOT（香柠檬）
CARDAMON（小豆蔻）
CEDAR（雪松）
ELEMI（榄香）
GALBANUM（白松香）
JESSAMINE（茉莉）
LAVENDER（薰衣草）
MYRRH（没药）
ORRIS（鸢尾）
PATCHOULI（广藿香）
PINE（松）
ROSE（玫瑰）
SANDALWOOD（檀香）
VETIVER（香根草）

第5章

红　发　会

这次冒险与福尔摩斯的逻辑相悖到了极点，人们不禁要问，看不出有人犯罪，为什么这位伟大的侦探会来！这件事情在秩序井然的维多利亚时代显得有些离奇和独特。我们的客户威尔逊是一位旅行频繁的红发小伙子，他曾远赴中国探险，喜欢炫耀自己的珠宝和纹身。他现在是伦敦的一名店主，他对自己目前处境显然缺乏逻辑而深感不安。因为那个给他提供了工作，并支付给他很高报酬的组织突然消失了。

即便公司没有欠他钱，这位红头发的委托人还是遇到了麻烦，于是他找到了侦探福尔摩斯。福尔摩斯立刻对此案着迷，他同意他的委托人的观点，不能让这种荒谬的情况继续无法解释。

1

红 发 人

福尔摩斯说:"华生,我们客户的头发很漂亮,他的红头发,呈现出不止一种火红的颜色,他是一位真正的红发人。"

福尔摩斯继续说道:"乍一看,我看到了多达10种不同的红颜色(色度不同),但右边列表中有一种颜色不在头发呈现的红颜色之列。"

你能找出是哪一种吗?

RED(红)
CHERRY(樱桃红)
ROSE(玫瑰红)
JAM(果酱红)
RUBY(宝石红)
WINE(酒红)
BRICK(砖红)
BLOOD(血红)
BERRY(莓红)
CANDY(糖果红)
BLUSH(胭脂红)

客户的生意

福尔摩斯自言自语道："我很好奇为何我们的委托人威尔逊先生远赴亚洲后，会选择这么一个平淡无奇的生意？"

依次沿逆时针方向跳过星星周围固定数目的字母，读出威尔逊先生的生意。

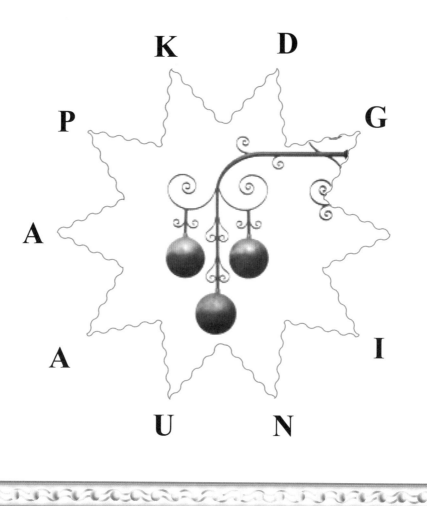

3

商店橱窗逻辑题

福尔摩斯说:"华生,正如我们对他的生意所预期的那样,我们客户的商店橱窗里陈列着各种各样的商品。然而,有一个明显的定价方法,这使得人们很容易推测出仿金铜(也就是镀金青铜物品)缺失的价格。"

你能推测出它的价格吗?

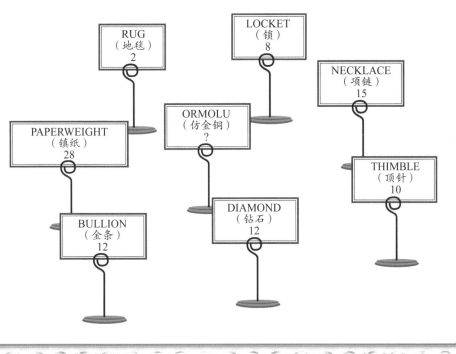

RUG
(地毯)
2

LOCKET
(锁)
8

NECKLACE
(项链)
15

PAPERWEIGHT
(镇纸)
28

ORMOLU
(仿金铜)
?

THIMBLE
(顶针)
10

BULLION
(金条)
12

DIAMOND
(钻石)
12

4

切割地毯

福尔摩斯说:"华生,我看到橱窗里有一块漂亮的古董波斯地毯,但是这么低的定价,店主一定不知道它的真正价值。我们去买下它,看看如何把我们的逻辑推广给他人。"

他对店主说:"威尔逊先生,我们对这块便宜的地毯很感兴趣,我想知道你是否愿意把它卖给我和华生先生? 我们想坚持通过一条直线把它分割,每个人能得到恰好一半的面积,并且使得整个图案的变化越小越好。"

店主回答道:"福尔摩斯先生,尽管我会尽自己所能,但恐怕我做不到这一点。"

福尔摩斯说:"先生,你错了,我们要求的切割可以很容易地完成。"

店主应该如何切割呢?

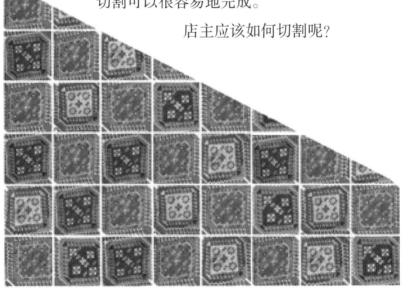

三位顾客

福尔摩斯对华生说:"华生,我们委托人的商店是测试逻辑思维的合适地方,让我们来测试一下这3位带着刚买的礼物出来的朋友。先生们,大家对自己的购买有什么看法?"

亚历克斯回答说:"如果我买银的话,我花最少的钱。"

卡莱布回答说:"红宝石是最贵的。"

伯特回答说:"我花的钱比卡莱布和买黄金的人都多。"

福尔摩斯说道:"先生们,谢谢你们,这些信息已足够让我知道你们各自买了什么。华生,你能从这些信息中推导出他们各自买了什么吗?"

6
青 铜 钟

福尔摩斯建议道："既然我们怀疑是恶棍操纵了这座青铜钟，那么它的玻璃罩就是最重要线索之一，上面很可能有小偷的指纹。一些手指留下了几个指纹；让我们看看到底有多少只不同的手指触摸了玻璃罩?"

指针逻辑题

福尔摩斯说道:"华生,这个钟特别具有挑战性,它一定是我们正在追捕的那个非常聪明的罪犯的杰作。虽然,一开始,看起来像他收集了一堆指针,并把它们固定在一个表盘上,但我相信他并不是随便固定的。如果我们把指针看成一个序列,那么它们指向分钟的方式有一个规律。"

"按照同样的规律,如果他再把一枚新的指针安装到表盘上,该指针会指向哪里?"

把地下室锁起来

福尔摩斯问店主："地下室估计是小偷经常喜欢光临的地方，你上班前有没有锁上它？"

店主回答道："没有，因为我们有3个人需要进出地下室：我的售货员、管家和负责人。"

福尔摩斯答道："先生，你错了。有一种方法可以安装3把锁，并把钥匙分发给相关人员。这样一来，他们中的任何一位都不能打开所有的锁，但如果他们中的另一位也在，则可以打开门。"

福尔摩斯问华生："他们如何管理地下室门上的锁，需要给他们分发多少把钥匙？"

消息中的消息

福尔摩斯说："华生，看早报上的广告，多迷人啊！这位作者发现了一种在消息中发布消息的方法，这样数百万读者就可以阅读它，但是只有一个人能完全理解它。乍一看，你可能会认为设置文本的排版师把小写字母误排为大写字母。然而，这种常见的错误如此频繁地发生，我们不得不假设它是故意的。"

"华生，你怎么解读它？"

To THE RED-HEADED LEAGUE. - On account of the bequest of the late EzekiaH Hopkins, of LEbanon, Penn., U.S.A. thRE is now AnoTther vacancy open which enTitles a mEmber of the League to a salary of four pouNds a week for purely nominal services. All red-headed men who are sound in body and mind, and above the age of twenty-one years, are eligible. Apply in person on Monday, at eleven o'clock, to Duncan Ross, at the offices of the League, 7 Pope's Court, Fleet Street.

隐藏在排版错误中

福尔摩斯说："华生，这个隐藏信息的把戏比你想象的要深入得多。我派人去买了晚报，果然有回报。'红头'广告又出现了，但排版错误不同！像以前一样，有些字母是大写的，没有明显的原因，但是如果像我们今天上午那样阅读这些字母，则不会得到任何信息。诀窍当然是不同的，只是看起来与前一个相似，那么破解这个暗语诀窍是什么呢？"

他问华生："你能读懂隐藏在这条广告中的新消息吗？"

To THE RED-HEADED LEAGUE. - On account of thE beQuest of thE late Ezekiah Hopkins, oF Lebanon, Penn., U.S.A. thrE is Now Another vacancy open Which entitLes a membEr of tHe League to a salary Of Four pOunds a week fOr purely nominal services. All red-headed men who are sound in body and mind, and above the age of Twenty-one years, are eligible. Apply in person on Monday, at eLeVen o'cloCk, to Duncan ROss, at the offices of the League, 7 Pope's Court, Fleet Street.

数学鱼鳞纹身

福尔摩斯问道:"华生,你注意到我们客户的鲤鱼'纹身'了吗? 鱼鳞让人联想到一个数字网格,用数字代表每片鱼鳞。就像一台'天平',网格中的数字是平衡的。每一个数字与另一片鱼鳞内的数字相配对,即10的补码,例如1和9,4和6。"

"只剩下一个数字没有补码,是哪个数字?"

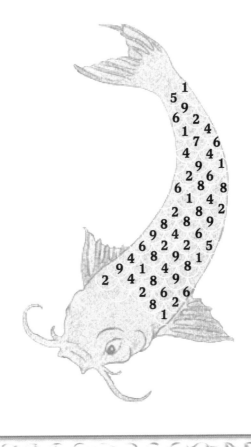

硬币项链

福尔摩斯对华生说:"华生,我们的委托人非常喜欢中国。他不仅在表链上串着中国硬币,而且他还有一条中国硬币项链。不过,我必须挑剔这条项链上硬币的排列,因为有一个重要的细节破坏了它完美排列的规律性。"

"华生,你能找出哪枚硬币被替换了,破坏了项链上硬币排列的规律吗?"

威尔逊的共济会围裙

作为共济会会员，我们的客户有象征他自己的个性围裙，穿着它参加兄弟会的会议。

福尔摩斯问华生："分析围裙上的符号，我认为这暗示了他的出生年份。你知道为什么吗？"

纸牌加密

福尔摩斯说:"我带了一副扑克,但我发现罪犯们也喜欢扑克。他们把一场打到一半的牌局的一部分留在了一个板条箱上。不,仔细想想,这些扑克一定是故意留在这里的。很明显,这是一条留给共犯的信息。"

他问华生:"你能读出这条信息吗?"

红发逻辑

爱诗的人都不讨厌音乐。

红头发的人固执的时候是没有智慧的。

一个人不做白日梦就不可能有真正的创造力。

创造力是天才的特征。

做白日梦的人喜欢诗歌。

没有智慧的人如果留着长发就讨厌音乐。

福尔摩斯问道："华生，如果你接受上面的6个假设并运用逻辑分析，那么你认为一个固执的留着长头发的红发人会是天才吗？"

智力陷阱

福尔摩斯对华生说:"华生,我敢说,我们的对手可能是伦敦第4聪明的人,这为我们提供了一个绝好的机会,利用我的牌堆,制作一个智力卡牌陷阱来分散他的注意力。他一定会努力破解的。忘掉所有的谨慎,他将不可抗拒地翻开卡牌来验证他的猜想。但是,通过触摸卡牌,他会不经意间留下他的指纹,我们会好好利用指纹的。"

"面朝下的是什么牌?"

照 相 机

福尔摩斯解释说：“为了做好犯罪准备，我们的小偷用两台相机拍下了商店地下室的照片，这两台相机配备了两个不同的镜头，可以提供两种不同的放大倍数。右边的那张照片放大了一倍。我们用一张切成5块的正方形纸板测试了它们，并且加上了一张不属于这个纸板的第6张。”

"哪张纸片不属于这个纸板？"

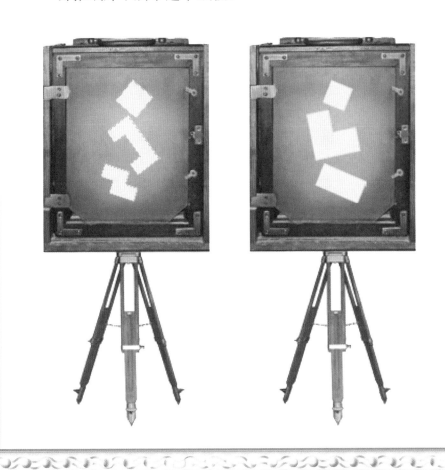

拿 破 仑

罪犯们切开一些硬币，不仅是为了更好地藏匿它们，也是为了在倒卖之前把它们熔化。

福尔摩斯问道："华生，桌上的硬币碎片总共可以组成多少个完整的拿破仑头像？"

罪犯的才智

SMASHER（破坏者） VILLAIN（恶棍） SWINDLER（骗子）
THIEF（小偷） OFFENCE（犯罪） HOUSEBREAKING
FORGER（伪造者） CROOK（骗子） （入室行窃）
MURDERER（杀人犯） TRAITOR（叛徒） ARSON（纵火）
FRAUD（骗子） HUSTLE（大盗）
FELON（重罪犯） RACKETEER（诈骗犯）

```
A V E R E E T E K C A R E L T S U H
D U A R F R E L D N I W S N O S R A
E F H R E H S A M S R E R E D R U M
N O L E F L O K O O R C R O T A R T
U R E G R O F S E C N E F F O Z E N
M N I A L L I V L E D N F E I H T A
```

福尔摩斯说："华生，我必须夸奖
一下我们的小偷。我们隐藏的对
手相当有创造力。犯罪生涯几乎会比
诚实的职业提供更多创造性机会！考
虑一下词典中关于他们邪恶交易的单
词数，快速地查一下你会发现犯罪和
犯罪者不少于15个术语。"

"哪一个单词仅出现在上半部分的
词汇表里？"

街道网格

我们伟大的城市有一个复杂的街道布局，一个有成就的侦探需要掌握这些街道才能智取罪犯。

福尔摩斯对华生说："华生，作为一项有用的训练，我建议你用我们在萨克斯-科堡广场散步时看到的13条街道名来完成这个纵横填字游戏。"

BAKER（贝克街）
THAYER（塞耶街）
MANDEVILLE（曼德维尔街）
MARGARET（玛格丽特街）
WELLS（威尔斯街）
NEWMAN（纽曼街）
THEOBALDS（西奥伯尔兹街）
CLERKENWELL（克拉肯威尔街）
BLOOMSBURY（布鲁斯伯里）
BOND（邦德街）
SYCAMORE（西莫克街）
GOSWELL（哥斯维尔街）
VERE（维拉街）

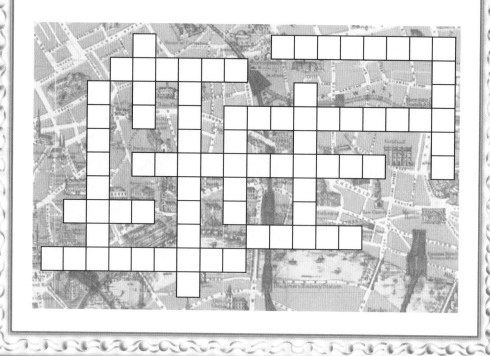

地上的石板

福尔摩斯建议说:"华生,当我们在等待恶棍们从下面推起一块石板出现在地下室里的时候,动一下脑筋是没有坏处的。我建议你想象每一块石板上都有一个字母,试着从左上角A到右下角Z穿过一个奇怪的迷宫。"

"将A与Z连接起来,交替地通过相邻的边跳到相邻的字母石板上,然后跳到另一个有相同字母的远处石板上。"

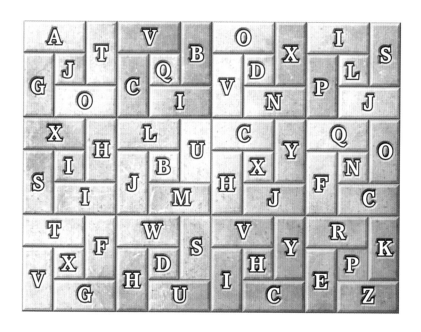

奥尔德斯盖特街车站

奥尔德斯盖特街的窗户一定深受这个恶棍的影响，因为他们在此做了广告，他们想出了一种方法来描述他的活动，而不是直接把它说出来。

福尔摩斯问道："华生，你能掌握这个系统并读懂这条信息吗？"

第6章

海军协定

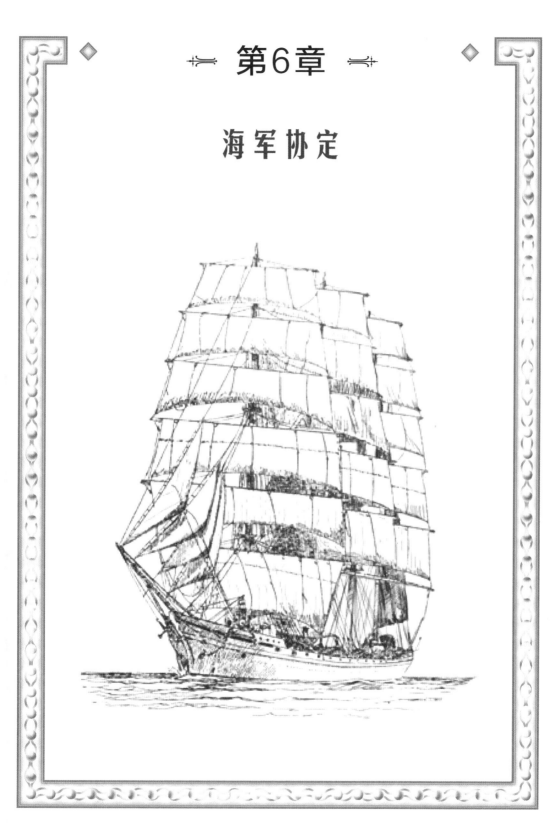

这场冒险从英国外交部开始，这是维多利亚时代英国控制世界大部分地区的指挥中心。纵观整个故事，我们现代人都感到惊讶的是如此重要的政府组织似乎不太注重自身安全。

晚上，外交部由一个昏昏欲睡的间谍守卫着，他最厉害的武器是一个水壶。此外，当他偶尔打瞌睡或接待其妻子来访时，没有人会大惊小怪。更令人震惊的是，当一份敏感文件被盗时，一位名叫费尔普斯的警官会被追究责任，而这名间谍却不会被视为嫌疑人。

只有逻辑思维强大并且智慧超群的人，才有可能解决这样的安全漏洞，因此，需要福尔摩斯立即出马。我们著名的侦探扩大了他的搜索范围，毫无疑问，在一个最意想不到的地方找到了这份丢失的文件！

石蕊试验

<big>福</big>尔摩斯对华生说："华生，你好！ 我把一小片石蕊试纸放进这个容器里，看看我能得到什么样的结果，因为这个结果决定着一个人的性命。"

"烟上面的字母能拼写出什么词？"

2

帆　船

福尔摩斯对华生说:"我一直在想,尽管在不同天气条件下获得强风动力这门精密的科学正在过时,但是我们还是想用这张船帆的列表来研究一下,在两张字母表格中都能找到几种帆。"

"你能找出哪种帆只出现在一张字母表格中吗?"

FLANKER (侧翼帆)

GENOA (热那亚帆)

JIB (艏三角帆)

LATEEN (三角帆)

MIZZEN (后桅)

ROYAL (顶桅帆)

LUGSAIL (斜桁横帆)

F	L	A	N	K	E	R
M	J	I	B	V	A	O
M	I	Z	Z	E	N	Y
Z	R	G	E	N	O	A
E	N	E	E	T	A	L
L	I	A	S	G	U	L
N	O	M	E	A	R	F

A	G	E	N	O	A	F
K	A	R	O	Y	A	L
Y	E	J	N	E	S	A
S	M	I	Z	Z	E	N
A	T	B	R	U	G	K
I	L	E	D	B	A	E
L	A	T	E	E	N	R

从帆船到汽船

福尔摩斯对华生说："华生，我必须承认，尽管有的人在看透纳的画作《战舰无畏号》时，会觉得这幅画毫无意义。我个人对他画在画布上的形象很感兴趣。一艘小汽船正把一艘巨大而雄伟的帆船拖到最终港湾，展示了蒸汽战胜了风的力量，也标志着现代化的开始。"

　　"幸运的是，逻辑在这里起了作用。图片被复制到一个缺少一些方块的棋盘上。你能沿着格子线把它切成面积相等的两半吗？"

4

一个不幸的挂坠

哈里森戴着一个小挂坠，以提醒自己的罪恶和不幸。上面刻有一个地点，他在那里损失了超过他的承受能力的钱，这件事可能会使他变成一个罪犯。

福尔摩斯对华生说："注意这个秘密是如何得到很好保护的，因为它永远无法被清晰地表达出来。华生，你能看出来当小盒子关上的时候会显示什么信息吗？"

玫瑰的世界

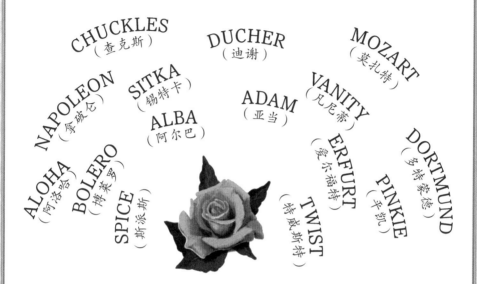

CHUCKLES
（查克斯）

DUCHER
（迪谢）

MOZART
（莫扎特）

NAPOLEON
（拿破仑）

SITKA
（锡特卡）

ALBA
（阿尔巴）

ADAM
（亚当）

VANITY
（凡尼蒂）

DORTMUND
（多特蒙德）

ALOHA
（阿洛哈）

BOLERO
（博莱罗）

SPICE
（斯派斯）

ERFURT
（爱尔福特）

PINKIE
（平凯）

TWIST
（特威斯特）

福尔摩斯对华生说："华生，我欣赏玫瑰，我最钦佩的是植物学家和种植者，他们在苗圃里培育新品种，有时以名人的名字命名他们的新产品。"

"从NAPOLEON（拿破仑）到MOZART（莫扎特），你能把没有共同字母的不同品种的玫瑰花连接起来吗？"

6

方块和地图

福尔摩斯说："华生，因为工作涉及整个世界，外交部有一个庞大的图库。图的形状因其描绘不同的区域而有所不同。许多图可以显示在一个由5个方块拼成的曲面上。然而，5个方块在不考虑旋转和对称造成的差异时，可以用12种不同的方式把它们组合起来。"

"你能根据下面的11种形状，判断出第12种形状吗？"

折叠地图

福尔摩斯说:"华生,关于这张图的另一个问题是它需要折叠,折叠通常可以通过不同的方式。采用标准方法折叠一张包含4部分的图,例如这张图,会有很多不同的方案。"

"你能用多少种方法把下图的4个部分折叠起来?"

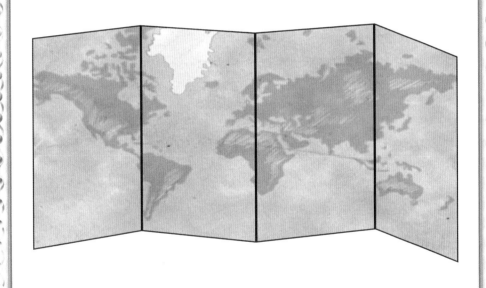

海上航线

在海上，从一个港口到另一个港口，有许多海上航线。航线的选择取决于人们如何利用风、水流和时间。

福尔摩斯说："华生，用下面的字母，你能用多少种方法把任一个N和中间的L连接起来拼出NAVAL（海军），注意：用相邻的字母而不是同一个字母在一个单词里出现两次拼出NAVAL。"

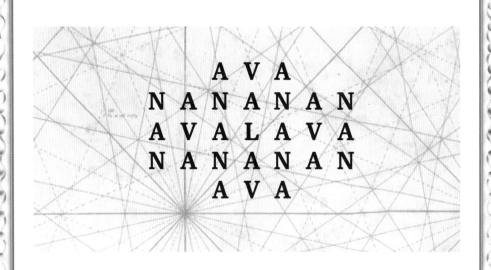

十五子棋世界

福尔摩斯对华生说:"华生,十五子棋的棋盘是说明海军世界的一个很好的例子,也说明了他们为什么需要有健全的条约。船只在海洋中航行,希望到达目的地,目的地通常靠近敌舰,就像下棋者使棋子绕着棋盘的四个象限从一个点到另一个点。与下棋者要遵守规则一样,船员也需要一套严密的协议,以确保和平的海洋环境,使商业航行成为可能。如果协议中存在逻辑缺陷,那么战争是不可避免的。"

"你看到这盘十五子棋布局的四个象限中的逻辑缺陷了吗?"

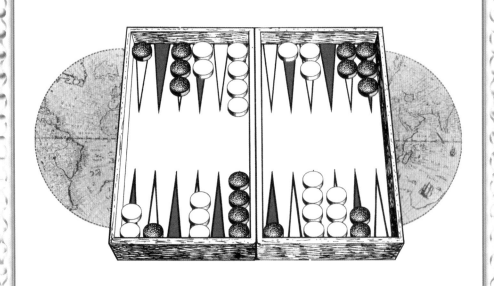

加密协商

福尔摩斯对华生说:"啊哈! 我就知道,这个恶棍已经开始谈判销赃了。看这条写在花园墙上的留言,这看起来像小孩的涂鸦,但如果你弄清楚了加密方式,金额就很清楚了。"

他继续说:"华生,我给你个提示,罗马人喜欢涂鸦!"

你能读出这个涂鸦隐藏的真正信息吗?

MOST OF MY DUE ROSES WON'T LAST THROUGH NEXT YEAR

一封爆炸性电报

福尔摩斯说:"华生，如果那封电报被披露并刊登在报纸上，该有多么轰动! 不过，目前它还隐藏在这个爆炸般的网格中。组成单词的字母在中间位置。准备移到蓝色方块，然后沿顺时针方向读取信息。"

"你能把每一个字母沿着水平或垂直方向滑回原位，并读出想传达的信息吗?"

加密报刊

福尔摩斯说："华生，我在晚报上刊登的广告没有收到任何回复！但我并不感到惊讶，因为我早知会如此。我真正的意图是给在外交部的一位同事发一条隐藏的信息。如果需要的话，他准备去搜查珀西·菲尔普斯的办公室，但他在等我的信号，以确保珀西不在。幸运的是，我在一家报社有个朋友，他愿意冒着毁掉印刷师的声誉来排印上面的文字。"

"你能读懂这条加密信息吗？"

A£10 Revard. - The number of the cob whach dropped a fare al or about the door of the Poreign Effice in Charles Stleet, ot a quarten to ten an the everint of May 23rd. Apply 221B Baker Street

明信片密码

福尔摩斯说道:"这里有更多关于这个恶棍犯罪阴谋的证据——一张他打算寄给同伙的修改过的白厅加密明信片。"

"这个系统很简单,设计用来向他的同伙告知准确的作案时间。你看到了吗?"

"华生,我给你一个提示。想想第10题中墙上的信息,寻找类似的逻辑。"

你能破解出准确的作案时间吗?

天花板密语

福尔摩斯对华生说:"华生，别对这个天花板感到惊讶。没有一个地方比白厅更沉浸在暗语和信息加密中。他们不断发明新方法来隐藏他们与大使馆及外国联系人之间的交流。看看这个天花板上的字母，我确信他们是有意安排的，为了协助我们完成任务。"

"有些字母很显眼，可拼写出一个单词。你能弄清楚它们的位置背后的逻辑吗?"

缠绕的绳结

福尔摩斯说:"如果没有绳索和绳结,海军将无法生存,因为它们是拖船、装载和加固所必需的工具。同样,纽结的逻辑通常对于理解纠缠在一起的刑事案件也是有用的。此外,华生,这不也是训练你逻辑思维的好方法吗?"

"如果你拉展这根绳子,会有多少个结?"

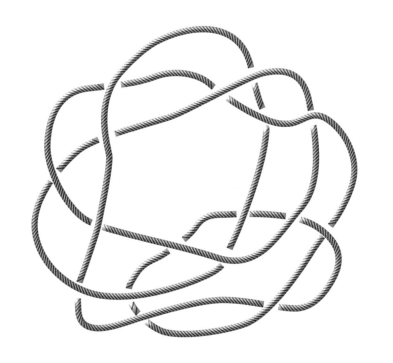

外交语录

S	H	I	N	B	Z	H	E	E	Y	E	Q	U		Z	E	I
B	U	A	Z	H	A	N	G		S	H	A	N		R	H	N
Z	H				I	N			R							

B	U															N
								H								

福尔摩斯对华生说:"华生,我们必须非常小心,因为我们处在一个不太靠谱的世界里,低级的犯罪都可能会危及高级外交。现在是时候发掘一句伟大的中国军事家孙子的名言了。"

他问华生:"你能把上面格子中的每一个字母放到下面格子同一列的正确方块里吗?每个字母只能使用一次。这样你就能读到他的箴言了。"

闭环外交

福尔摩斯解释道:"华生,请记住,外交是一门艺术,外交结盟是把几个国家关联起来,使每个成员国尽可能地为所有国家的利益服务。假设地图上的这些点代表16个国家,线段代表一个条约或联盟。这条环路经过每个国家一次且仅一次。然而,有一种更好的方法将这些国家分类,仍构成一条环路,由6条直线段组成,而不是8条直线段,并且正好穿过16个国家各一次。"

福尔摩斯问道:"华生,你能画出这条环路吗?"

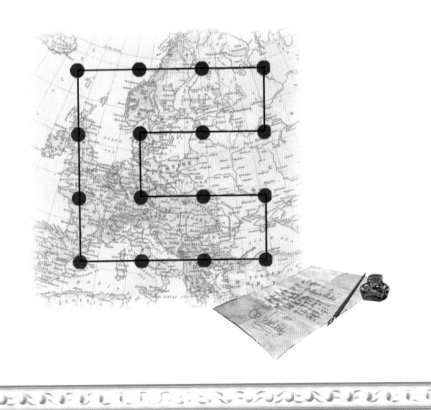

海　员

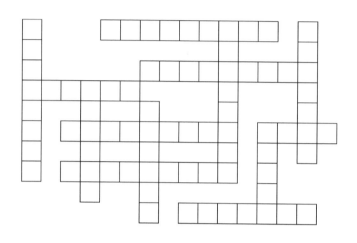

福尔摩斯说:"华生,海员是一个非常有组织性且等级森严的职业,有许多你在岸上很少看到的职位,包括:ARMOURER(军械工),BOATSWAIN(掌帆长),CARPENTER(木匠),CAULKER(船填缝工),CHAPLAIN(随军牧师),CLERK(文员),COOK(厨师),MASTER(船长),PURSER(事务长),ROPEMAKER(缆绳工),SAILMAKER(制帆工),SEAMAN(水兵),SURGEON(军医)和YEOMAN(文书军士)。"

"上述的名称中,有一个名称没出现在填字游戏中,你能找出来吗?"

航行悖论

福尔摩斯说:"华生,这是一个有趣的悖论,它表明了技术的局限性。商人乘帆船以6海里/时的速度到达目的地。为了赶回出发地,他下了帆船,然后登上了一艘轮船。他要求船长快速航行,使往返的平均速度等于12海里/时。"

"轮船的船长能完成这个挑战吗?如果可以,他的速度必须是多少?"

证据的模式

福尔摩斯用他一贯的说教方式对菲尔普斯说："你的案子的困难就在于证据太多。在所有呈现给我们的事实中，我们只需要选择那些我们认为必要的，然后把它们拼凑起来，重新构建这一系列非常显著的事实。有趣的是，你看这个棋盘上也有类似的情况，就像案件中的事实一样，我根据一个非常简单的模式排列了黑白棋盘格。但是，有一个方块的棋子颜色错了。"

"你能辨认出这个模式并按正确的顺序摆放棋子吗？"

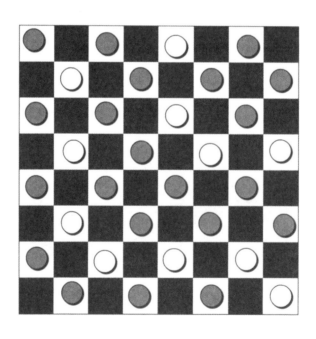

女王陛下的船

福尔摩斯说:"华生,我敢说,我有时真的应该把我的才能运用到语言上。单词的用法和字母违背了普通的逻辑,需要一个有能力的人深入研究。看看我们女王统帅下的最令人印象深刻的大使们——她的皇家海军,正在世界海洋巡航,各种各样的名字被用来给女王陛下的船只授洗。"

"然而,在透纳的画作《大风破浪》中,只有一艘白色船只的名字无法用海浪中漂浮的黑色字母拼写出来,你能看出是哪个名字吗?"

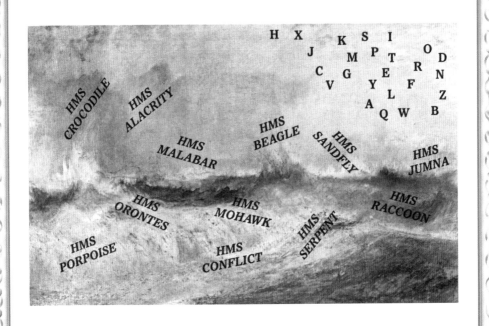

早餐问题

福尔摩斯说：“菲尔普斯先生，为了增加戏剧性，我让你的老朋友华生给你准备了一道惊喜谜题。你要找的文件就在其中的一个餐盘盖下面。但是，你必须选出正确的盖子。”

"按照数据表的逻辑，有两个数字顺序不对，而包含您丢失文档的餐盘盖位于这两个数字之间。”

地毯上的线索

福尔摩斯说:"为了结束这次冒险,华生,让我指出珀西·菲尔普斯丢失的海军条约的最后线索,它就藏在地毯中的一个图案下面。"

"从正确的字母开始,然后有规律地跳过固定数量的顶点来拼写线索。"

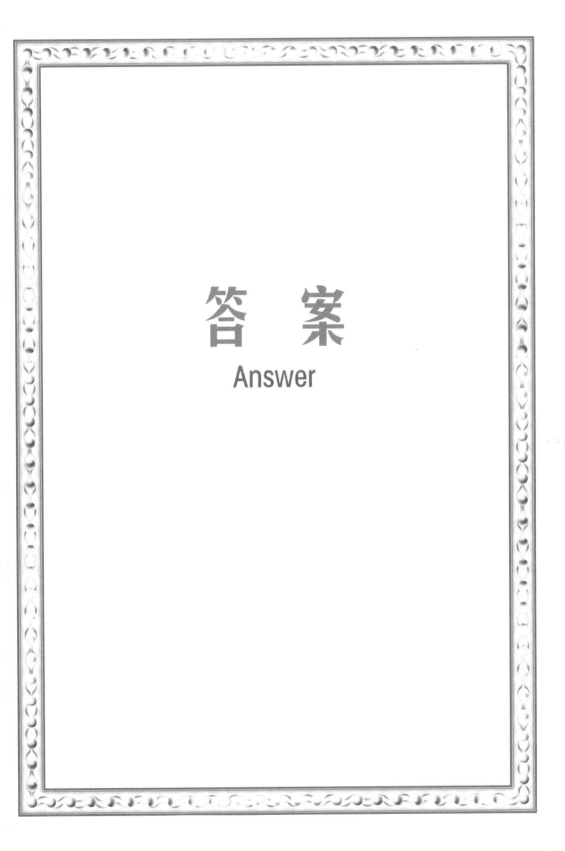

答 案

Answer

1. HELEN。

2. 有4块发生了水平翻转。

3. 4个三角形：2个小三角形和2个大三角形，每个三角形由2个部分组成。

4. YINGGUOJUNYI (英国军医) (跳过了5个字母)。

5. 11条直线。

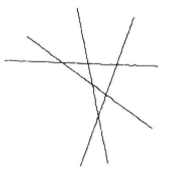
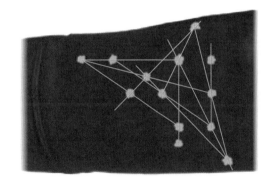

6. 除了第一条链子外，每条链子上的红色珠子都比绿色珠子多两颗。

7. 三对：AA，BB，CC。

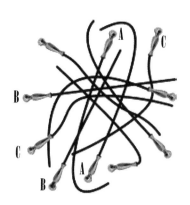

8. 13，除13外，所有的数字都是7的倍数。

9. Barrel (B), Cylinder (Y), Frame (F), Screw (W), Guard (U) and Axis (X)，一共有6个。

10. 有松树意味着有金银花，也意味着没有瓦屋顶，所以没有砖墙。因为砖墙总是与瓦屋顶相配，所以瓦房前没有松树。

11. 除了第2行以外，每一行的小时数都是分钟数的各位数字的乘积。

12. 被循环移位了的8块如图所示。右边是复原后的图片。

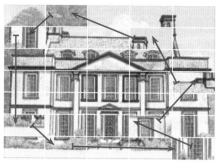 

13. 右侧的名单按字母顺序排列为：BABOON，CAPUCHIN，COLOBUS，DRILL，GEMLADA，LESULA，MACAQUE，

156

MANDRILL，MARMOSET，PATAS，ROLOWAY，SAKI，TAMARIN，TITI，UAKARI，VERVET。福尔摩斯曾养过的猴子的名字为：SAKI，它在原来的列表中位居左列第4。

14. ONCILLA（小斑虎猫）不在字母表中，它是右边列表中的第10个单词。

```
D N R E G I T H C T A C
N O I L E U R C G U O C
R A U Y A L E O P A R D
D E Z N O Z R U R A M F
P I D X O J A G U A R S
C A R A C A L A E A L E
A T O L E C O R R E O R
C O L O C O L O I H C V
C U N N A K O D K O D A
C H E E T A H T T O R L
T A C B O B M A R G A Y
```

15. 最中心的R有4种不同的方式可读出RAN，有4个M，每一个M可有一种方式到达R，则有4×4＝16种方式可读出MORAN。

16. 口哨的同义词有：锣，圆号，长笛，手风琴，萨克斯，三角铁，双簧管，钢琴，定音鼓。与众不同的词为"带子"，它是这次冒险的一个重要物件。

17. 应该有3个三角星，4个四角星，依此类推。一个五角星在带子上丢失了。

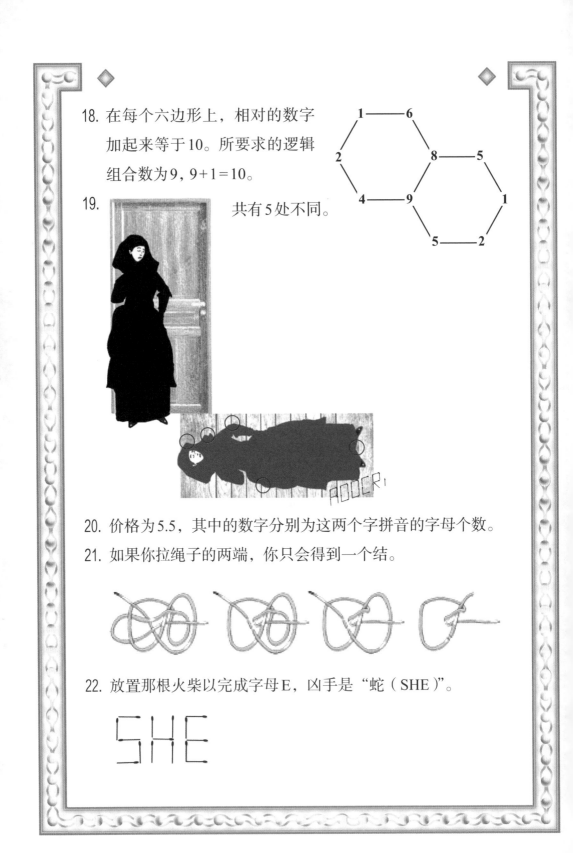

18. 在每个六边形上，相对的数字加起来等于10。所要求的逻辑组合数为9，9+1=10。

19. 共有5处不同。

20. 价格为5.5，其中的数字分别为这两个字拼音的字母个数。

21. 如果你拉绳子的两端，你只会得到一个结。

22. 放置那根火柴以完成字母E，凶手是"蛇（SHE）"。

23.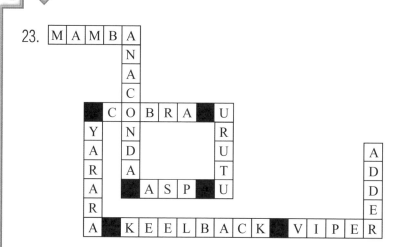

第 2 章

1. 字母拼写：POYI（破译）。

2. 13个不同的符号。

3. 埃尔西应该确保他戴着帽子：作为一位乡绅，有时会生气，他是一位蓝眼睛的人。有了帽子，她就能把秘密告诉他。

4. 被编码的信息读为：ELSIE PREPARE TO MEET THE GOD（埃尔西准备好见上帝）。

5. 戒指有4种尺寸，它们的数量分别为16，17，18和20。最后一个数字逻辑上应该是19而不是20。

6.

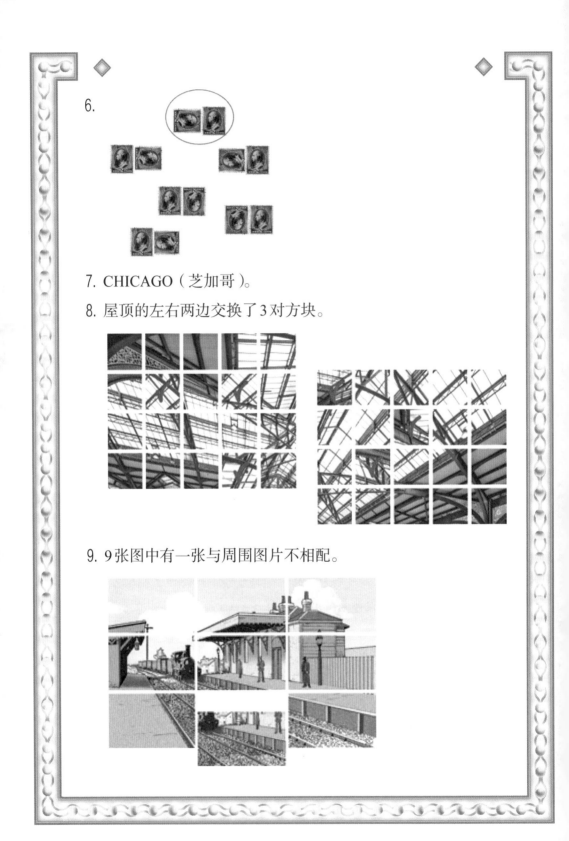

7. CHICAGO（芝加哥）。

8. 屋顶的左右两边交换了3对方块。

9. 9张图中有一张与周围图片不相配。

10. 因为县城地图中没有字母 X，故由该地图中的字母不能拼写出单词 WROXHAM（洛克斯汉姆）。

11. 4块顺时针旋转的，3块逆时针旋转的。

12. 这组"三胞胎"与其他"三胞胎"不同，没有共同的符号。

13. 有6个人踩踏了这些花，每个人都留下了左、右脚鞋印。

14. 向下滑动上部窗格，阅读所有三行单词：SEE YOU AT THE CHURCH（教堂见）。

15. 这是7种可能解决方案中的一种。

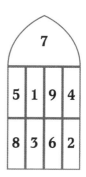

16. Menu（菜单）：

    HAM TIMBALES（香烤火腿）

    GREEN PEAS（青豌豆）

    CREAMED LEEKS（奶油青蒜）

    BAKED SALMON（烤三文鱼）

    ROAST CHICKEN（烤鸡）

    LEMON SHERBET（柠檬果子露）

17. SLANEY（斯莱尼）不能填入。

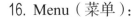

```
            C
        H   U
        A   B
   M A R T I N
        G   T
   T H U R S T O N
        E
        A
        V
        E
```

18. 得到的和是5位数，根据加法的进位可知和的第1个数是1。第2行的第1个数字与和的第1个数字相同。因此，第1行必须从9开始，才能变成10。这也使第3行第2个数字为0。第2行的第2个也是0。第1行中的第2个数字和第3行中的第3位数字是不同的，即使第2行相应位的加数为0，这意味着列右边必须产生一个进位1；这些数字必须是2和3，或3和4这样的两个数字。测试所有的可能性，除了这些数字出现的其他次数，只有5和6是合适的。只需按照加法规则来确定其他数字。

19. MEET ME AT THE WATERING HOLE（和我在水潭相见）。

20. 新排列中相邻的两种动物使用了不同的字母：PORPOISE—BAT—HEDGEHOG—MINK—VOLE—MUNTJAC—FOX—DEER—STOAT。

21. 3组"三胞胎"。

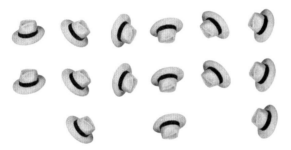

22. FIRST OF ALL I WANT YOU GENTLEMEN TO UNDERSTAND THAT I HAVE KNOWN THIS LADY SINCE SHE WAS A CHILD. THERE WERE SEVEN OF US IN A GANG IN CHICAGO, AND ELSIE'S FATHER WAS THE BOSS OF THE JOINT. HE WAS A CLEVER MAN, WAS OLD PATRICK. IT WAS HE WHO INVENTED THAT WRITING, WHICH WOULD PASS AS A CHILD'S SCRAWL UNLESS YOU JUST HAPPENED TO HAVE THE KEY TO IT. WELL, ELSIE LEARNED SOME OF OUR WAYS BUT SHE COULDN'T STAND THE BUSINESS AND SHE HAD A BIT

OF HONEST MONEY OF HER OWN, SO SHE GAVE US ALL THE SLIP AND GOT AWAY TO LONDON.（首先，我想告诉各位绅士的是，我从这位女士还是个小女孩时就认识她了。我们一共7个人，在芝加哥组成帮派，埃尔西的父亲是我们的头目。他是个聪明的男人，老帕特里克。是他发明了那种书写方法，用儿童的涂鸦传递真正的信息。只有你有密码才能破解。埃尔西知道了一些我们的勾当，但是她不能容忍我们的生存之道，她自己挣了些干净钱，然后逃离了我们去了伦敦。）

23. HEI HUO YAO（黑火药）（跳过了4个字符）。

第3章

1. 最右边的管道杆的主要部分是反向的。

2. A、B和C是相互嵌套的，每一个环都阻挡着另外两个，但位于C之上和A之下的D可以自由地飘走。

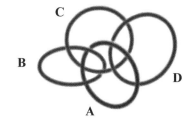

3. CONTEMPT（蔑视）在字符表中只出现一次，在右边列表中排第7。

4. 让我们把注意力集中在轮齿上，当第一个齿轮转动一个齿时，其他齿轮也转动一个齿。当第一个齿轮旋转一整圈时，它转动24个齿。最后一个齿轮也是，这意味着24/12＝2整圈。

24个齿

12个齿

5. 红心和方块的点数是黑色而不是红色；黑桃和梅花的点数是红色而不是黑色。

6. 将种子排成一行，得到10种不同的排列方式：

ABC—ABD—ABE—ACD—ACE—ADE—BCD—BCE—BDE—CDE。

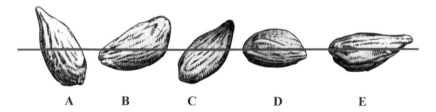

A   B   C   D   E

7. 书架上有6组6本书，有些书笔直，有些书倾斜靠向左边的书。除了右下角的那一组外，每组都有4本厚书和2本薄书。

8. 台阶交替地显示了两个序列：

一个是公差为4的等差数列：13，17，21，……

另一个序列是有规律地增加3，4，5，……，也就是 12，

15，19，24，……

最后一步属于第2个序列，应该为

54+10=64。

```
S U A E I
O Z N R D
N G S D O
G I H E U
E I K E L
```

9. 沿着相邻字母读出的信息：SONG ZUANSHI GEI KELUODIERDE. （送钻石给克洛蒂尔德）。

10. 有4架完整的马车。

11. 这一系列宝石的项链，当两颗宝石接触时没有任何共同的字母：AMETHYST（紫水晶），ZIRCON（锆石），PLASMA（深绿玉髓），CHERT（黑硅石），DIAMOND（钻石），BERYL（绿柱石），TOPAZ（黄玉），RUBY（红宝石），SPINEL（尖晶石），QUARTZ（水晶），ONYX（缟玛瑙），JASPER（碧玉），FLINT（燧石），SARD（肉红玉髓），IOLITE（堇青石）。

12. 在这个子集中，每个毛皮名称中的所有字母都是不同的。第6个是MARTEN（貂）。M是字母表中第13个字母。

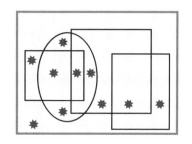

13. 有10个不同的区域。(你是否漏了照片周围的区域?)

14. 按此顺序阅读,这些断言证明柴郡猫不会轻率地说话,这可防止它们破坏信心。因此秘密是:

柴郡猫笑得很自然

富有同情心的生物才会微笑

同情心能产生尊重

尊重会避免轻率说话

滔滔不绝表示有信心

所有秘密都是保密的

15. 引文是这样的:秘密就是你一次只告诉一个人的事情。

MI	MI	JIU	SHI	NI
YI	CI	ZHI	GAO	SU
YI	GE	REN	DE	SHI
QING				

16.

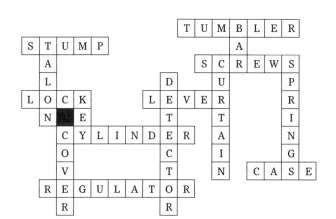

17. 这条信息可以理解，但它包含了单词 TEMPLE。整条信息如下：I JUST LEFT THE TEMPLE IN A HURRY TO MARRY YOU IMMEDIATELY AT THE CLOSEST CHURCH（我刚匆忙离开内殿，去最近的教堂娶你）。

18. 戈弗雷把字母表中的每个字母向前移动了一步，每一步交替地移动1或2个字母。把它们还原回去得到的信息：HE AILIN ADELE JIEHUN（和艾琳·阿德勒结婚）。

19. SHENGDIAN QISHI（圣殿骑士）。

20. 除了 $18 = 3 \times 3 \times 2$，即为3个素数的乘积，其余每一个数都恰好是两个素数的乘积：

$21 = 3 \times 7$

$65 = 5 \times 13$

$33 = 3 \times 11$

...

21. I与一个R相邻，与一个E相邻，而E与N不相邻。IRENE 和 ADLER 不能在一系列连续面上读取。

22. 由5条线组成的环路。

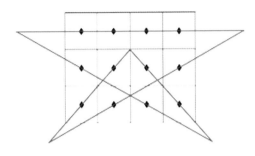

23. 中心部分来自另一段，在文本中无法对应。

第4章

1. 把6根手杖作为一个正四面体的6条边。

2. 凸起个数为14。

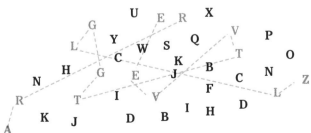

3. 信息为：BLAZING EYES AND DRIPPING JAW（炽热的眼与垂涎的下巴）。

```
B L A Z I
N G E Y E
S A N D D
R I P P I
N G J A W
```

4. 是的，想象力是必须的：恐怖是无法忍受的，它带来恐慌，它带来恐惧，它需要一种危险的意识，它需要一种对威胁的感知，需要一种对后果的认识，它是由想象带来的。因此，没有想象就没有恐怖。

5. 单词为：CURSE（诅咒）。

6. 紫杉、樱桃、山楂、菩提、圆柏、白杨、白桦、柳。

```
Z Y S P Y B B L
I I H U U A A I
S N A T A I I U
H G N I N Y H
A T Z   B A U
N A H   A N A
  O A   I G
```

7. 乐器有DIANZIQIN（电子琴）、PIPA（琵琶）、JITA（吉他）、SHUQIN（竖琴）、BANZHUOQIN（班卓琴）、DATIQIN（大提琴）、LILAQIN（里拉琴）、XIAOTIQIN（小提琴）、MIANKONG（面孔）不是乐器。

8. 5种不同的面部表情。

9. 路径如下所示。

```
1 7 5 8 3 7                                     2
            9               7 2 5 4 3 7
            7       8       8           3
9 7 1 6 4 2 3 5             3           6
2           2       8       4           5
4           5 9 3 2 9       1           2
6           7       1 8 7 9 5 6 2 3 4 5
5               3           7 1 3 1 6
3 2 7 9 8 5 4 7 4 3 9       6     4
4 2               5         8     4 3
    9 4 2 5 8 1 3 7 6 1     5     2
    7               2   3       2   7
    2               6   4 2 9 7 5 1 9
    4 5 6 9 7 5 4   6       8 5 1 0
```

171

10. 5种杂草分别是三叶草（sanyecao）、毒芹（duqin）、荨麻（xunma）、欧芹（ouqin）、蓟（ji），杂草中不需要的字母组成的词为：CHONG（虫）。

11. 一种可能的方案为：ANT（蚂蚁），BEETLE（甲虫），MOSQUITO（蚊虫），WASP（黄蜂），WEEVIL（象鼻虫），BUTTERFLY（蝴蝶），LOCUST（蝗虫），MAYFLY（蜉蝣），MOTH（蛾子），CRICKET（蟋蟀），APHID（蚜虫），GNAT（蠓），SCARAB（金龟子），TERMITE（白蚁）。

12. 左边的T连接到3个O，每个产生2个TOR；中间的T连接4个O，每个产生2个TOR；右侧的T连接到2个O，每个产生2个TOR。故共有：$3 \times 2 + 4 \times 2 + 2 \times 2 = 18$个TOR。

13. 关键字为：ZHUI XUN ZHEN XIANG（追寻真相）。

14. FREEDOM（自由）被替换为REASON（理智）。7个字母，7+10=17。

> as you value your
> life or your
> freedom keep away
> from the moor

15. 4个结：每根绳子打结两次。
（它们是互锁的）

16. 需要插入7个算术符号：

$$[(3×9)×(25×4)]+$$
$$[(7+1)/(8−6)]=2704。$$

17. 有21个不重叠的区域。

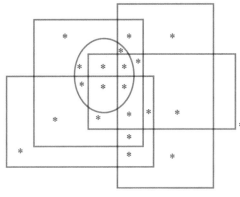

18. 请注意，右栏中的所有分钟数都在1到26之间。其实它们
是字母表中字母的序号，破解以后的信息为：KEEP GATE
CLOSED（保持大门关闭）。

19. 考虑由左半边门上的一个数字和右半边门上相同位置的数
字组成的数字：除了最后一行的12以外，14、21、28等都
是7的倍数。1+2=3。

20. 如果你把窗户叠加在一起，蜡烛看起来
像一个钟表的指针，时间为10点5分。

21. 信息为：BURN THIS LETTER AND BE BY TEN AT THE GATE（烧掉这封信，10点大门见）。

R U B T T E B E N E G A
N T S E R D E T A H T
H I L A N B Y T T E

22. 化学物质为：PHOSPHORUS（磷）。

23. 斯特普尔顿太太喷洒了3次的香水为：JESSAMINE。

A B **J** V E T I V E **J** E A
G B **E** R G A M O T E **E** H C
A M **S** U V E B E W **S** I E
R Y **S** A N D A L W **S** O D
G R **A** F R O S E N **A** E A
A R **M** O N X I M C **M** L R
L H **I** L K A L I A **I** K O
B E **N** A X L P O R **N** I S
A **J E S S A M I N E** L E
N A L P R E D N E V A L
U P X I L U O H C T A P
M L K N E X K S I R R O
L A V E N D E R K X A L

第 5 章

1. 缺失的颜色为：CANDY（糖果红）。

2. （跳过3个字母）KAI DANG PU（开当铺）。

3. 每件商品的价格等于该商品名称中元音字母的数量乘以辅

音字母的数量。所以仿金铜的价格为：3×3=9。

4. 在每一块地毯中，有12个方块保持完整。

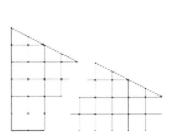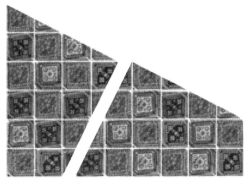

5. 这三样商品分别是银、金和红宝石。亚历克斯没有买最便宜的银。伯特花钱比别人都多，却没有买银。所以只有卡莱布可以买银。伯特花了比黄金还多的钱，买了红宝石。

6. 有3个不同的指纹。

7. 从4开始，分钟值交替地递增3和分别递增5，6，7，8，9。即：4+3=7；7+5=12；12+3=15；15+6=21；21+3=24；24+7=31；31+3=34；34+8=42；42+3=45；新的分针将指向：45+9=54分钟。

8. 让我们称锁为A，B和C。然后给第一个人A和B的钥匙，给第二个人B和C的钥匙，给第三个人A和C的钥匙。因此，任何一个人只能打开两把锁，但是任何两个人都能打开3把锁。

9. 把有意设置的大写字母组合起来得到：HERE AT TEN（十点在此）。

10. 这一次，把有意设置的大写字母的后一个字母（即其后续字母）组合起来，得到：BULLION HERE FOUR WEEKS（金条在此4星期）。

To THE RED-HEADED LEAGUE. - On account of the BequUest of the Late Ezekiah Hopkins, oF Lebanon, Penn., U.S.A. thre Is nOw aNother vacancy open wHich entitlEs a membeR of thE League to a salary oF fOur poUnds a week foR purely nominal services. All red-headed men who are sound in body and mind, and above the age of tWenty-one years, are eligible. Apply in person on Monday, at elEvEn o'clocK, to Duncan RoSs, at the offices of the League, 7 Pope's Court, Fleet Street.

11. 没有3，即7没有10的补码。

12. 让我们表示左上角从上到下的四个硬币分别为ABCD。这个序列这样循环：ABCD，BCDA，CDAB，DABC。第15枚是第一枚放错地方的硬币：C代替了B。

13. 1853，因为有1颗四角星，8颗五角星，5颗六角星，3颗七角星。

14. 1代表A，2代表B，3代表C，依此类推。这条信息为：HIDE A BAG（藏一个包）。

15. 天才是有创造力的，因此做白日梦，因此热爱诗歌，因此不会讨厌音乐。相反，一个红头发的人如果固执就没有智慧，因此如果留着长发就讨厌音乐。讨厌音乐，长发的红发人不可能是天才。

16. 沿水平方向读卡片，一行接一行，从梅花牌开始。梅花的算法是加1，方块是加2，黑桃是加3，红桃是加4。卡值是循环增加的，每超过10就又从1开始：如9＋4＝13，取个位3，面朝下的卡值为：10＋1（梅花）＝11，取个位1。

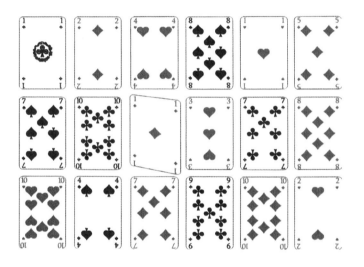

17. 左下角的那块不合适，属于纸板的那5块共有16个基本方块。

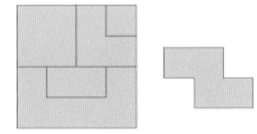

18. 6枚完整的硬币，像这样切开：

19. 仅出现在上面网格中的一个单词为：HOUSEBREAKING

（入室行窃）（13个字母）。

20.
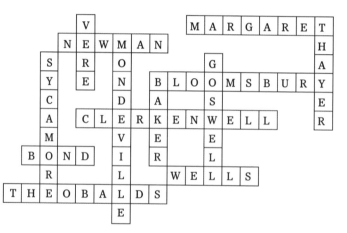

21.
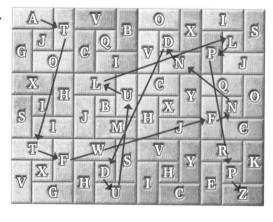

22. 每个窗口"框定"一个字母，它显示了该字母的前一个及后一个字母（也就是，GI框定字母H）。则信息为：HE DUG A TUNNEL（他挖了条地道）。

第 6 章

1. 烟雾上面的字母拼写出词：KUI JIU（愧疚）。

2. 两个方格中都包含的帆有：FLANKER（侧翼帆），GENOA（热那亚帆），JIB（艏三角帆），LATEEN（三角帆），MIZZEN（后桅）和 ROYAL（顶桅帆）。LUGSAIL（斜桁横帆）只出现在左边方格中。

3. 两个相等的部分如下图所示。

4. 项链上写着："STOCK MARKET（证券市场）"。

5. 在这个序列中，相邻的名称没有公共字母：NAPOLEON（拿破仑）, TWIST（特威斯特）, DUCHER（迪谢）, SITKA（锡特卡）, BOLERO（博莱罗）, VANITY（凡尼蒂）, CHUCKLES（查克斯）, ADAM（亚当）, ERFURT（爱尔福特）, ALOHA（阿洛哈）, SPICE（斯派斯）, DORTMUND（多特蒙德）, ALBA（阿尔巴）, PINKIE（平凯）, MOZART（莫扎特）。

6. 第12种形状：

7. 将每个段标记为A，B，C和 D。首先考虑A和B，A可以 叠在B上面或下面。同样地， C可以叠在D上面或下面。这 样就有2×2=4种可能性。然

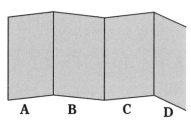

后你可以把AB叠在CD上面或下面，AB可叠在C和D之 间，CD可叠在A和B之间。这样就有：4×4=16种可能性。

8. 让我们从中间的L出发，数一数LAVAN而不是NAVAL。L 连接到上面的A，有2种可能性得到VAN，则上面和下面， 有4种可能性得到VAN。在左侧，A有6种可能性连接得到 VAN，则左边和右边，就有12种可能性得到VAN。则总共 有16种不同的方式可得到NAVAL。

9. 在十五子棋盘的所有四个象限中，除了右上角以外，其他部分棋子的数量分别为1，2，3和4。

10. 去掉所有不是罗马数字的字母，得到："MMLX"，按照罗马数字对应后，意思是：1000＋1000＋50＋10＝2060。

11. 读取的信息为："ZHENGFU HE FAGUO YIDALI QIANDING LE HAIJUNTIAOYUE（政府和法国意大利签定了海军条约）"。

		Z	H	E	N	G	F	U		H	E	
		Z						F				F
			E		G	A			N		A	
E						E	G					G
U		H		U		I		U				U
Y						F		O		Y		O
O					N			O	H	A		
A		Y				A						Y
I			L			I			I			I
T		E			D		U		T	Q		D
N					N			A	N			A
U		L				D			U			L
J				I		J			I			
I			I									
A					G			A		E		
H		H										
	E	L		G	N	I	D	N	A	I	Q	

12. 将加粗字母替换为其他能产生有意义的单词的字母就能读出隐藏信息。隐藏信息为："WAIT FOR A RING（等电话）"。

A£10 Re**w**ard. - The number of the ca**b** wh**i**ch dropped a fare a**t** or about the door of the **F**oreign **O**ffice in Charles St**r**eet, **a**t a quarte**r** to ten **i**n the eve**n**in**g** of May 23rd. Apply 221B Baker Street

13. 时间是12点。画线把错放的方块连接起来，就得到罗马数字XII。

14. 除了字母K，N，O，T和S（KNOTS，绳结）外，其余的每个字母都出现在两个不同的区域内。

15. 3个结。

16. 这条箴言是：BU ZHAN ER QU REN ZHI BING SHAN ZHI SHAN ZHE YE（不战而屈人之兵，善之善者也）。

B	U		Z	H	A	N		E	R		Q	U		R	E	N
Z	H	I		B	I	N	G		S	H	A	N		Z	H	I
S	H	A	N		Z	H	E		Y	E						

17. 通过将线延伸到16点正方形之外，可以实现6条直线的环路分类。

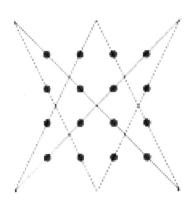

18. MASTER（船长）无法出现在填字游戏中。

C			B	O	A	T	S	W	A	I	N		S	
H								R					U	
A				R	O	P	E	M	A	K	E	R	R	
P	U	R	S	E	R			O					G	
L		E			Y			U					E	
A		C	A	R	P	E	N	T	E	R		C	O	O	K
I		M			O			R		L		N	
N		S	A	I	L	M	A	K	E	R		E	
		N			A					E		
				N		C	A	U	L	K	E	R

19. 让我们假设以12海里／时的平均速度往返需要4天。在出港航程（6海里／时速度，航程的一半）中，商人花了4天时间。既然已经花了4天时间，那商家就没有时间来完成返程行程了。挑战无法完成。

20. 棋盘沿着对角折线，从左上角到右下角，交替2个黑色棋盘格和1个白色棋盘格。最后一个右下角的棋盘格应该是黑色的。

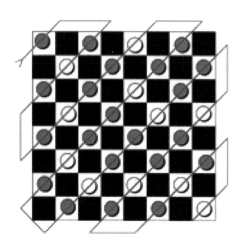

21. HMS JUMNA 无法拼写出来，漂浮字母中没有U。

22. 如果交换7和10的位置，那么每行、每列和每条对角线上数字的和都是34。因此，盖板16下面有丢失的文件。

23. POXI DE FANG（珀西的房）（跳3个字母）。